高等教育航空航天类专业"十三五"规划教材
国家级精品建设课程主干教材

直升机飞行控制系统

吴文海　编著

西北工业大学出版社
西　安

【内容简介】 本书介绍了直升机飞行控制系统的基本理论与技术,除绪论外,全书分为五章。绪论介绍了直升机及其飞行控制系统的基本原理结构;第一、二章简要介绍了被控对象——直升机的气动特性和运动方程;第三、四章介绍了直升机飞行控制系统的组成、结构与原理,包括直升机角运动、线运动控制的基本控制规律和特点;第五章介绍了直升机飞行控制系统的最新相关技术,包括电传操纵系统、光传操纵系统、座舱管理系统、侧杆控制、主动控制和自主控制等内容。

本书可作为航空院校相关专业的教学用书,也可供相关工程技术与研究人员阅读参考。

图书在版编目(CIP)数据

直升机飞行控制系统/吴文海编著. —西安:西北工业大学出版社,2020.1(2025.1重印)

ISBN 978 - 7 - 5612 - 6706 - 6

Ⅰ.①直… Ⅱ.①吴… Ⅲ.①直升机-飞行控制系统
Ⅳ.①V275 ②V249.1

中国版本图书馆 CIP 数据核字(2020)第 032792 号

ZHISHENGJI FEIXING KONGZHI XITONG

直 升 机 飞 行 控 制 系 统

责任编辑:朱辰浩		策划编辑:肖亚辉	
责任校对:卢颖慧		装帧设计:李 飞	

出版发行:西北工业大学出版社

通信地址:西安市友谊西路 127 号　　　　邮编:710072

电　　话:(029)88491757,88493844

网　　址:www.nwpup.com

印 刷 者:西安五星印刷印务有限公司

开　　本:787 mm×1 092 mm　　　　1/16

印　　张:10.25

字　　数:276 千字

版　　次:2020 年 1 月第 1 版　　　2025 年 1 月第 2 次印刷

定　　价:48.00 元

编辑委员会成员

前　言

20 世纪来迅猛发展的自动控制理论与技术,已经成为人类应用科学技术、追求美好未来的重要课题。正因如此,现代航空领域,无不应用自动控制技术来提高系统的局部或整体性能。

飞行控制系统是应用自动控制技术研发的重要机载设备之一,可用于提高和改善飞行器的整体性能。是否装备飞行控制系统,装备何种性能的飞行控制系统,是衡量现代飞行器先进性的重要标志之一。因此,飞行控制系统已成为各航空院校教学与研究的重要内容之一。

正如直升机因其结构和飞行特性的特殊性与复杂性,使其发展滞后于固定翼飞机那样,直升机飞行控制系统的教学与研究也总是有所滞后。直至今日,国内外尚难以找到适合航空高等工程院校飞行控制专业所用的《直升机飞行控制系统》教材。本书正是为弥补这方面的不足而编写的,以期抛砖引玉,对该学科建设尽微薄之力。

笔者本着由浅入深、循序渐进、学以致用、学用结合的原则编写本书。以控制对象运动特性的研究为前提,控制理论的应用为基础,从多个角度阐述直升机飞行控制系统的基本理论,涵盖系统的原理、结构及相关技术。除绪论外,全书共分五章。绪论介绍直升机及其飞行控制系统的基本原理结构;第一、二章简要介绍被控对象——直升机的气动特性和运动方程;第三、四章介绍直升机飞行控制系统的组成、结构与原理,重点介绍直升机角运动、线运动控制的基本控制规律和特点;第五章介绍现代直升机飞行控制系统的相关技术,限于篇幅没有涉及更多内容。全书内容凝聚着笔者数十年从事飞行控制教学与科研工作的成果和经验总结,既可用于各航空院校相关专业的教学,又可供相关工程技术与研究人员阅读参考。

本书由吴文海编著,耿昌茂、杨一栋、倪世宏主审。参加有关工作的还有曲志刚、高丽、顾冬雷、高阳和王俊彦等。

南京航空航天大学的沈春林教授、黄一敏研究员,西北工业大学的史忠科教授、董新民教授,空军工程大学的倪世宏教授等多位专家审阅了书稿,提出了许多宝贵意见。本书为国家级精品建设课程配套教材,曾列入海军院校首批重点教材,从列入计划、纲目审查到最终审定、出版,都得到了海军航空大学机关及领导的高度重视,尤其是青岛校区机关及各级领导给了大力支持,笔者的同事杨晓华和孙文胜教授等也对本书的撰写给予了热情的帮助,在此谨向他们致以诚挚的谢意。

由于笔者水平有限,书中难免存在不妥之处,恳请读者批评指正。

吴文海

2019 年冬于青岛

符 号 表

符 号

A—— 切面、切面面积、振幅；

$\boldsymbol{A}$—— 状态矩阵；

$\boldsymbol{A}_{11}$、$\boldsymbol{A}_{12}$、$\boldsymbol{A}_{21}$、$\boldsymbol{A}_{22}$—— 状态矩阵的分块矩阵；

$\boldsymbol{B}$—— 控制矩阵；

$\boldsymbol{B}_1$、$\boldsymbol{B}_2$—— 控制矩阵的分块矩阵；

a—— 声速、加速度；

b—— 弦长、翼型弦长；

b_A—— 平均空气动力弦长；

C—— 常量；

$\boldsymbol{C}$—— 输出矩阵；

C_X—— 阻力系数；

C_Y—— 升力系数；

C_Z—— 侧力系数；

C_G—— 重力拉力系数；

C_T—— 旋翼拉力系数；

C_Y^α—— 升力系数对迎角的导数；

C_Z^β—— 侧力系数对侧滑角的导数；

D—— 旋翼直径；

d—— 座舱操纵位移、助力器位移；

d_a, d_r, d_e—— 驾驶杆横向操纵位移,脚蹬方向(尾桨桨距)操纵位移,驾驶杆纵向操纵位移；

d_c—— 总距操纵位移；

F—— 力、焦点；

F_x, F_y, F_z—— 作用在直升机上的外力在机体坐标方向上的分力；

f—— 振动频率；

G—— 重量；

$G(S)$—— 传递函数；

g—— 重力加速度；

H—— 飞行高度、动量矩；

H_{lp}—— 过渡悬停中转为指数拉平时的起始高度；

H_{qs}—— 过渡悬停中起始高度；

H_S—— 旋翼后向力；

H_{xt}—— 过渡悬停中悬停高度；

I—— 倾斜通道传动比；

I_x, I_y, I_z—— 直升机绕机体轴 Ox, Oy, Oz 的转动惯量；

K—— 增益、航向通道传动比、常数；

k—— 桨叶叶尖损失系数；

kn—— 速度单位（节）；

L—— 距离、长度、俯仰通道传动比、经度、航程、力臂；

l_{pw}—— 平尾焦点到飞机质心的距离；

l_{wj}—— 尾桨焦点到旋翼旋转轴的距离；

Ma—— 马赫数，力矩；

M_G—— 桨毂力矩；

M_{Gx}—— 桨毂力矩绕 Ox 轴的分量；

M_{Gz}—— 桨毂力矩绕 Oz 轴的分量；

M_{xynz}—— 旋翼反扭矩；

M_{wjnz}—— 尾桨反扭矩；

M_{pw}—— 平尾气动力矩；

M_x, M_y, M_z—— 滚转力矩，俯仰力矩，偏航力矩；

M_{xynz}—— 旋翼阻转力矩；

m—— 质量；

m_x, m_y, m_z—— 滚转力矩系数，俯仰力矩系数，偏航力矩系数；

m_{y0}—— 零升力矩系数；

m_x^β—— 横向静稳定性；

m_z^β—— 航向静稳定性（风标静稳定性）；

m_y^α—— 纵向静稳定性；

$m_x^{\delta_a}, m_y^{\delta_e}, m_z^{\delta_r}$—— 横向周期变距操纵效能，纵向周期变距操纵效能，尾桨桨距操纵效能；

$m_z^{\bar{\dot{\alpha}}}$—— 洗流时差导数；

$m_x^{\bar{\omega}_x}, m_y^{\bar{\omega}_y}, m_z^{\bar{\omega}_z}$—— 滚转阻尼导数，纵向阻尼导数，偏航阻尼导数；

$m_y^{\bar{\omega}_x}$—— 滚转的偏航力矩导数（交叉导数或交联导数）；

$m_x^{\bar{\omega}_y}$—— 偏航的滚转力矩导数（交叉导数或交联导数）；

$N_{1/2}, N_2$—— 半衰期或倍增时内振动次数；

N—— 桨叶片数、磁铁极性符号；

$N(S)$—— 传递函数分子行列式；

n—— 荷兰滚模态阻尼系数（特征根实部）、载荷因数、操纵系统的传动比；

n_1—— 短周期模态阻尼系数；

n_2—— 长周期模态阻尼系数；

n_y—— 侧向载荷因数；

n_z—— 法向载荷因数（过载）；

$Oxyz$—— 机体坐标系

$Ox_vy_vz_v$—— 速度坐标系;

P—— 发动机推力、助力器输出力;

p_0—— 大气压力、静压;

p—— 倾斜角速度;

p_t—— 全压(等于静压与动压之和);

Q—— 阻力;

Q_i—— 诱导阻力;

q—— $\frac{1}{2}\rho v^2$(ρ 为大气密度,v 为飞行速度)、俯仰角速度;

R—— 半径、旋翼半径、地球半径;

r—— 翼型半径、航向加速度;

r_T—— 桨叶拉力对水平铰的力臂;

r_G—— 桨叶重心与水平铰轴线的距离;

S—— 微分算子($S=\mathrm{d}/\mathrm{d}t$)、桨叶面积、机翼面积;

S_s—— 旋翼侧向力;

T_{jy}—— 桨叶拉力;

T_x,T_y,T_z—— 旋翼拉力沿机体坐标系的三轴分量;

T—— 旋翼拉力、时间常数、绝对温度;

T_δ—— 舵机时间常数;

T_{wj}—— 尾桨拉力;

t—— 时间、摄氏温度;

t_{dl}—— 过渡悬停减速到零的时刻;

u—— 直升机纵向线速度;

v—— 直升机侧向线速度;

V—— 体积;

v_d—— 地速;

v_k—— 空速;

v_w—— 风速;

v_0—— 直升机飞行速度;

v_{qs}—— 进入过渡悬停的起始地速;

$\dot{v}_d$—— 过渡悬停中期望的减加速度;

W—— 相对气流合速度;

w—— 直升机升降线速度、翼型来流速度;

W_x^p—— 横滚静操纵性位移指标;

W_y^r—— 航向静操纵性位移指标;

W_z^q—— 纵向静操纵性位移指标;

X—— 空气阻力;

$\boldsymbol{X}$—— 状态向量;

x—— x 轴位置坐标;

y—— y 轴位置坐标；

z—— z 轴位置坐标；

x_a—— 加速度计到质心的距离；

$\overline{x_{jd}}$—— 平均气动弦前缘到焦点的距离；

$\overline{x_{yl}}$—— 平均气动弦前缘到压力中心的距离；

x_{zd}—— 平均气动弦前缘到握杆机动点的距离；

$l_{x_{pw}}$—— 平尾气动力在 Ox 轴方向的分力对直升机重心的力臂；

$\boldsymbol{X}_x$—— 纵向状态分量；

$\boldsymbol{X}_y$—— 侧向状态分量；

Y—— 升力、偏航距；

$\boldsymbol{Y}$—— 输出向量；

$l_{y_{pw}}$—— 平尾气动力在 Oy 轴方向的分力对直升机重心的力臂；

X_T—— 旋翼拉力纵向分量对直升机重心的力臂；

Y_T—— 旋翼拉力竖轴方向分量对直升机重心的力臂；

Z_T—— 旋翼拉力侧向分量对直升机重心的力臂；

Z—— 侧向偏离、侧力；

α—— 迎角；

α_0—— 旋翼锥度；

α_{xy}—— 旋翼构造迎角；

β_0—— 桨叶挥舞角；

β—— 侧滑角；

ϕ—— 滚转角；

$\phi(S)$—— 传递函数；

δ—— 驾驶仪舵机控制自动倾斜器或尾桨所产生的操纵量；

δ_a—— 横向周期变矩；

δ_e—— 纵向周期变矩；

δ_c—— 总距；

δ_r—— 尾桨桨距；

χ—— 航迹偏转角；

ε—— 下洗角、自动倾斜器纵向偏转角；

η—— 自动倾斜器横向偏转角；

θ—— 俯仰角；

γ—— 爬升角；

μ—— 前进比；

λ—— 流入比、特征根值、纬度；

λ_0—— 旋翼轴向来流系数；

ξ—— 传递函数中阻尼比、荷兰滚模态阻尼比；

ρ—— 大气密度、点到圆心的距离；

σ—— 旋翼实度、复平面的实坐标；

σ_{lj}—— 压力的临界应力；

τ—— 滤波器时间常数、动态系统延迟时间；

φ—— 桨叶切面安装角、桨距角、航向；

φ_t—— 真航向；

φ_{pl}—— 偏流角；

φ_7—— 桨距（桨叶特征剖面处的安装角）；

φ_{pw}—— 平尾安装角；

φ_{wj}—— 尾桨桨距；

ψ_{jy}—— 桨叶方位角；

ψ—— 偏航角；

χ_{pc}—— 航迹角偏差；

χ_{qw}—— 期望航迹角；

χ_w—— 风向；

χ_{sj}—— 实际航迹角；

ω—— 特征根虚部、振荡角频率；

Ω—— 旋翼角速度、机体运动角速度。

下　　　标

bs—— 表速；

pw—— 平尾；

d—— 对地面坐标系的；

da—— 大；

df—— 待飞；

dl—— 到零；

fan—— 反；

gu—— 桨毂；

g—— 驾驶杆、给定；

h—— 对航迹坐标系的；

hou—— 后；

hx—— 后项；

hy—— 回油；

jy—— 桨叶；

jc—— 静差；

jd—— 机动、接地、脚蹬、焦点；

jf—— 积分；

js—— 机身；

jy—— 进油；

jz—— 基准；

k—— 空气；

ll—— 来流；

lj—— 临界；

lp—— 拉平；

lx—— 离心；

nz—— 扭转；

p—— 配重；

pc—— 偏差；

pf—— 平飞的；

pl—— 偏流；

ps—— 爬升的；

ph—— 平衡；

pj—— 平均；

px—— 平行；

pw—— 平尾；

q—— 对气流坐标系的；

qian—— 前；

qj—— 全机；

qs—— 起始；

qw—— 期望；

sj—— 实际；

sp—— 水平；

sy—— 剩余；

wan—— 弯；

x—— 沿 Ox 轴方向的；

xd—— 相对；

xh—— 下滑的；

xt—— 悬停的；

xy—— 旋翼；

y—— 沿 Oy 轴方向的；

ya—— 压；

yd—— 预定；

you—— 诱、右；

yx—— 翼型；

zl—— 着陆；

zn—— 阻尼；

zon—— 综合；

zuo—— 左；

0—— 基准飞行状态；

上置符"—"—— 无因次量；

前置符"Δ"—— 小扰动量、增量。

目　　录

绪　　论

第一节　直升机简介

直升机是一种依靠旋翼螺旋桨(简称"旋翼")飞行并能垂直起降的航空飞行器。旋翼的转动能够产生向上的拉力,直升机借助这个拉力,不仅可以克服自身重力而垂直升降,而且可以克服阻力向前、后、左、右运动,还可在一定高度上悬停。

直升机由于能垂直升降,故对起飞、着陆的场地要求不高,可以在山头、峡谷、舰船甲板,甚至房顶起落,装有浮筒或船身式的直升机(如超黄蜂)可以在江河湖海上起落,还可以接近地面或水面作低空悬停。

正因为直升机具备上述特点,使其在交通运输、农业、工业、勘探、空投、救护、联络和军事等方面得到了广泛应用。其中,在军事上主要可用于战场救护、运送部队和武器装备、进行侦察联络;武装直升机还可担负空袭敌人、攻击坦克、搜索并消灭潜艇、执行布雷和扫雷等作战任务。

一、直升机的分类

现在世界上约有 55 000 架直升机,根据直升机战术、技术的不同要求,目前直升机的类型也越来越多。

(一)按用途分类

按用途,直升机可分为军用和民用两大类。

(1)军用直升机——如多用途运输直升机、武装直升机、反潜直升机、反坦克直升机、侦察通信直升机等。

(2)民用直升机——如运输直升机、起重直升机、农业多用途直升机等。

(二)按质量分类

按总质量级别,直升机可分为以下四类。

(1)轻型直升机——质量为 2～8 t,如海豚(SA－365)和云雀-3(SA－313/319)等。

(2)中型直升机——质量为 8～15 t,如米-8 和 CH－47D 等。

(3)重型直升机——质量为 15～20 t,如 CH－53E 和超黄蜂(SA－321)等。

(4)超重型直升机——质量在 20 t 以上,如米-6、米-12 和米-26 等。

(三)按结构形式分类

按结构形式,直升机可分为以下七类,图 0－1 所示为主流直升机的代表机型。

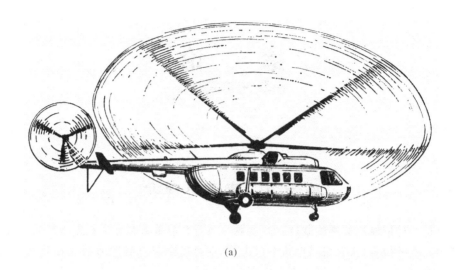

(a)

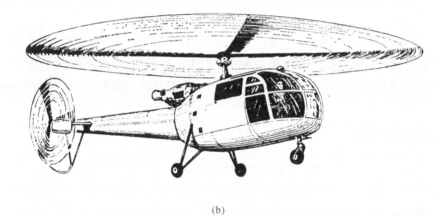

(b)

(c)

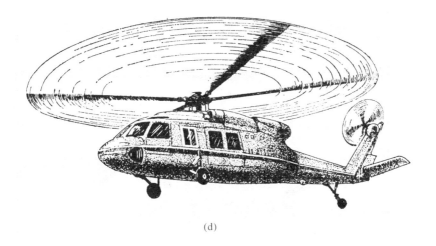

(d)

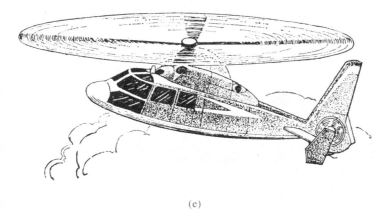

(e)

(f)

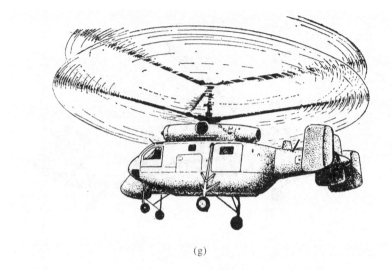

(g)

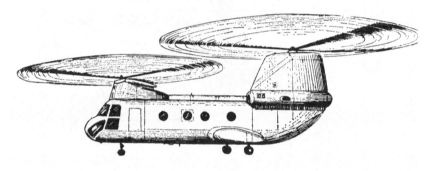

(h)

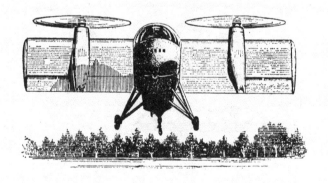

(i)

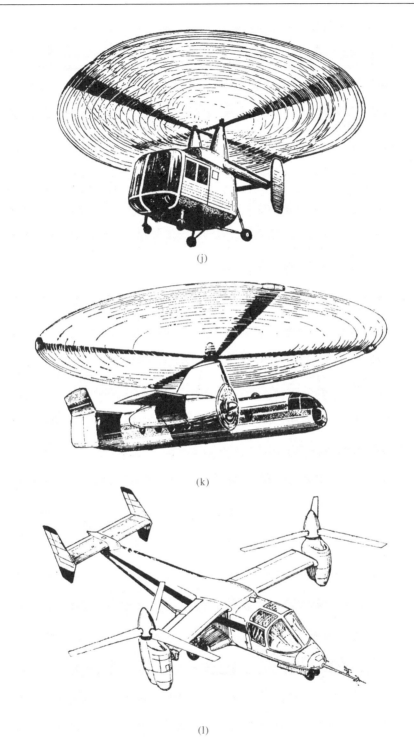

(j)

(k)

(l)

图 0 - 1　主流直升机的代表机型

(a)МИ - 8；(b)SA - 319B 云雀；(c)SA - 321 超黄蜂；(d)S - 70 黑鹰；(e)SA - 365 海豚；(f)BO - 105；
(g)卡 - 25；(h)CH - 47D；(i)V - 22；(j)HH 型双旋翼横向交叉式；(k)罗托达因；(l)XV - 15

　　(1)单旋翼带尾桨直升机——装有一副旋翼和一个用以平衡旋翼反作用力矩的尾桨。尾桨虽需要消耗一部分功率，但构造简单，应用较广。如直 - 8 和直 - 9 等国产直升机，米 - 8、云雀-3 和超黄蜂等直升机均属于这种类型。

（2）双旋翼共轴式直升机——在同一轴上装有两个转向相反的旋翼，旋翼的反作用力矩相互平衡。这类直升机外廓较小，横向操纵对称，但操纵机构复杂，两旋翼易相互干扰，机身振动较大，如卡-25 等。

（3）双旋翼横列式直升机——两个旋翼分别装在机身两侧的短翼上，左右并列，旋转方向相反。这类直升机的反作用力矩相互平衡，其构造对称，稳定性好，机身空间利用率高，但迎面阻力较大，操纵机构也比较复杂。美国的 Bell-301 和苏联的米-12 等均属于这种类型。

（4）双旋翼纵列式直升机——两个旋翼沿机体前后排列，旋转方向相反，反作用力矩相互平衡，通常后旋翼稍高于前旋翼，避免互相影响。其特点是机身宽敞，且重心移动的允许范围较大，但后旋翼空气动力性能较差。美国的 BV-234 和 CH-47D 等均属于这种类型。

（5）交叉式双旋翼直升机——两旋翼相距很近，且交叉成一定角度，反作用力矩相互平衡。它机身短、体积小，但转动部分结构复杂，且旋翼旋转必须协调。美国的 HH-43 就属于这种类型。

（6）单旋翼喷气式直升机——依靠旋翼尖部的喷气反推力推动旋翼旋转，因而机身上不承受反作用力矩。其缺点是燃油消耗大，旋翼内部结构复杂。目前设计制造得还不多。

（7）倾转旋翼直升机——依靠机翼两端装配的可旋转发动机短舱和旋翼系统，可在直升机飞行模式和固定翼飞行模式之间切换，具有飞行速度快、航程远、有效载荷大等优点，但机械机构复杂，使用、维护成本大，如美国的 V-76 和 V-22 等倾转旋翼直升机。

其中单旋翼带尾桨直升机应用最广，目前约占直升机总数的 80%，是直升机飞行控制系统（简称"飞控系统"）的主要受控对象，本书未明确指出的直升机就指这种类型。

二、直升机的组成及功用

单旋翼带尾桨直升机主要由旋翼、尾桨、机身、动力装置、传动系统、起落装置和操纵系统等组成，如图 0-2 所示。

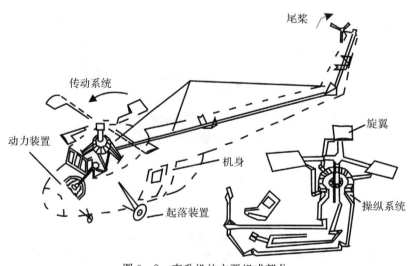

图 0-2　直升机的主要组成部分

（1）旋翼。旋翼是产生升力，使直升机腾空的拉力部件。经驾驶杆操纵，旋翼可产生向任意方向运动的力，从而使直升机前飞、侧飞和后飞等。直升机的各种飞行动作，主要是通过操纵旋翼来完成的。因此,旋翼不但起到普通螺旋桨飞机的机翼和螺旋桨的作用,而且起到固定翼飞机的副翼、襟翼、升降舵等可活动操纵面的作用。

根据旋翼俯视图,顺时针旋转的旋翼称为左旋旋翼,逆时针旋转的旋翼称为右旋旋翼。本书未特别说明的,均以右旋旋翼为例。

(2)尾桨。尾桨用以保持或改变直升机的航向,并且还能产生方向稳定力矩,起到固定翼飞机上垂直安定面的作用,保证直升机前飞时的航向稳定。

(3)机身。机身主要用以装载空勤人员、旅客、货物、设备、燃料等。直升机上的各部分经机身连接成一个整体。

单旋翼带尾桨直升机的机身,一般由前机身、中机身和尾梁(包括尾斜梁)组成,如图0-3所示。通常情况,前机身作驾驶舱供空勤人员用,中机身作乘客舱或货舱用,尾斜梁主要用以安置尾轴、水平安定面、操纵尾桨和水平安定面的传动杆,以及中、尾减速器和尾桨等。

安装在尾梁左右的两块水平板是水平安定面,也叫水平尾翼或平尾。它是用来改善直升机的纵向平衡,产生纵向稳定力矩,以及减小直升机自转下降时的俯仰力矩的。

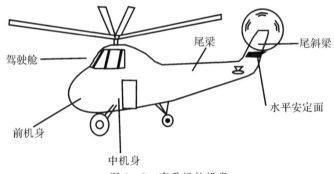

图0-3　直升机的机身

(4)动力装置。发动机是直升机动力的提供者,它把燃料转化成机械能,驱动旋翼和尾桨。

(5)传动系统。发动机发出的动力靠传动系统传给旋翼和尾桨等。直升机的传动系统(见图0-4)一般由尾桨传动轴、离合器、减速器(包括主减速器、中间减速器和尾桨减速器)等组成。

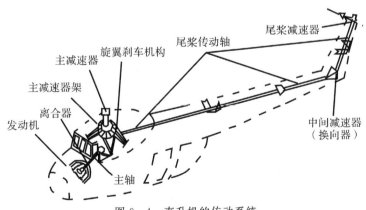

图0-4　直升机的传动系统

主减速器是直接传动旋翼的。由图0-4可知,从发动机转动经主减速器到带动旋翼旋转,不但改变了发动机的旋转方向,而且大大降低了转速。中间减速器通常用以提高尾桨位置和旋转方向,并没有起真正的减速作用,因此又称作换向器。

(5)起落装置。直升机的起落装置主要用于地面滑行和停放,同时也能在着陆/着舰时起缓冲作用。

直升机起落架的形式很多。除常见的轮式起落架外,还可见到在水上降落用的浮筒式起落架,也有同时装有浮筒和机轮的两用起落架(用于水陆两用直升机)。在很多轻小型直升机上采用滑橇式起落架,以使直升机在泥泞的土地和松软的雪地上起飞降落。

直升机的飞行速度不高,大多数起落架在飞行中并不收起。为提高飞行速度,现在也有采用可收放起落架的,或在起落架的支柱和斜支杆上加装整流罩。

应当指出,直升机的起落装置还包括尾撑。尾撑常安装在直升机尾梁和尾斜梁的连接处,用以防止尾桨和减速器触地。

(6)操纵系统。直升机的飞行控制都是通过操纵系统来实现的。操纵系统包括油门变距(总距操纵)系统、脚蹬操纵(尾桨操纵)系统和驾驶杆操纵(周期变距操纵)系统。操纵系统对直升机的飞行控制至关重要,下面以单旋翼带尾桨直升机为例,具体介绍其操纵机构、操纵方法和操纵原理。

三、直升机的操纵机构

直升机的操纵机构供驾驶员改变旋翼和尾桨的桨距,从而改变旋翼拉力的大小和方向及尾桨拉力的大小,以实现对直升机的纵向、横向、航向和高度操纵。直升机操纵机构的组成比较复杂,不同直升机操纵机构的组成各不相同,但操纵方法和操纵原理基本一样。

(一)操纵机构

单旋翼直升机的旋翼操纵机构如图0-5所示,主要由驾驶杆、油门变距杆、传动杆系和自动倾斜器(包括滑筒、内环、外环、操纵摇臂和变距拉杆)等组成。

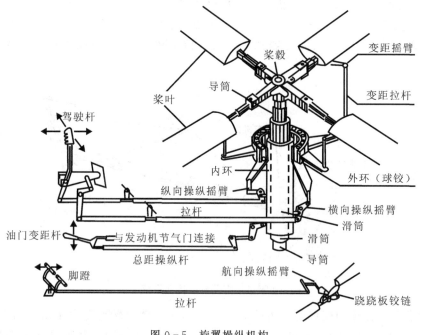

图0-5　旋翼操纵机构

　　旋翼操纵机构的核心是自动倾斜器,它由滑筒、内环、外环、操纵摇臂和变距拉杆等组成。内环与外环间有滚珠或滚针,如同普通的轴承。在外环上,有几根变距拉杆分别与各片桨叶的操纵摇臂连接。由于外环是同旋翼一起旋转的,所以它又称作旋转环。内环是与万向接头连接的,而万向接头固定在滑筒上。由于内环和滑筒都不随旋翼旋转,所以它又称作不旋转环,但内环可与滑筒一起沿旋转环轴向上下移动。滑筒(又称套筒)通过连杆、传动杆与总距操纵杆相连,内环通过连杆、传动杆与驾驶杆相连。

　　由于内环与球铰连接,故可以向任意方向倾斜,机械结构设计上应能保证根据驾驶员的操纵,使旋翼锥体向所需的方向倾斜。

　　如图0-6所示,水平铰位于旋翼轴上,桨叶的变距摇臂和变距拉杆的连接点(节点)位于水平铰轴线上,比桨叶所在的位置超前90°。变距拉杆连于外环上,向前推驾驶杆时,通过传动杆和连杆就会使自动倾斜器外环向180°方位倾斜,这时处于180°方位的变距拉杆位置最低,通过拉动变距摇臂,使处于90°方位的桨叶安装角减小最多,即升力减小最多(升力产生的原理将在第一章中介绍)。当变距拉杆随外环转至0°方位时将上抬至最高位置,此时桨叶刚好处于270°方位,通过上推变距摇臂,使处于270°方位的桨叶安装角增加最多,即升力增加最多。如不考虑前飞速度,这时桨叶挥舞最高位置是0°方位,最低位置是在180°方位,即挥舞形成的旋翼锥体是向180°方位正前方倾斜——与操纵方向一致。同理,驾驶杆向任意方向动,锥体就会向动杆方向倾斜,使直升机向动杆方向飞行。驾驶杆的动杆量越大,自动倾斜外环倾斜角度越大,动杆方向的拉力分量越大,直升机在该方向的飞行速度也越大。

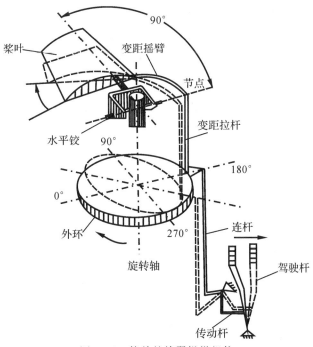

图0-6　简单的旋翼操纵机构

　　通过上述分析可见,这种简单机构能使旋翼锥体向驾驶杆动杆方向倾斜,是由于水平铰位于旋翼轴线上和节点位于水平铰轴线上且比桨叶所在的位置超前90°。但实际的许多自动倾斜器中,水平铰并不位于旋翼上,而是离开旋翼中轴线有一段距离,而且节点也不在水平铰轴线上。这时,只要机械设计师们采取适当措施,也能达到上述简单操纵机构同样的操纵效果。

尾桨操纵机构如图0-7所示,主要由脚蹬、传动机构、桨距(滑动)操纵杆、尾桨桨距操纵杆和桨叶等组成。尾桨桨距操纵杆穿过桨毂中心,通过传动机构与装有变距拉杆的三叉头连接,受脚蹬控制。

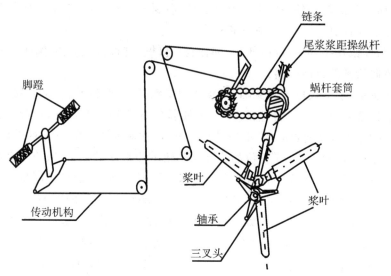

图0-7 尾桨操纵机构

由此可见,驾驶杆与总距杆操纵都能通过变距拉杆调整桨叶角,不同的是总距杆通过滑筒上下移动同步操纵各变距拉杆,而驾驶杆通过操纵互成90°方向的纵、横向操纵摇臂,分别改变旋转到纵、侧向处桨叶的变距拉杆,以使自动倾斜器倾斜。

(二)操纵方法

固定翼飞机和直升机的受力与操纵比较,如图0-8所示。

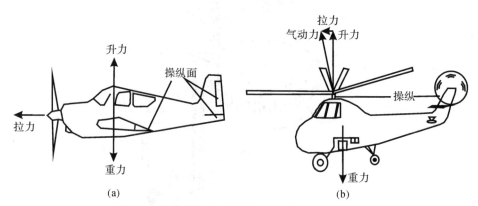

图0-8 固定翼飞机与直升机的受力与操纵比较

(a)固定翼飞机;(b)直升机

固定翼飞机由发动机的推力克服气动阻力使飞机高速飞行,由机翼等产生的升力与机体重力相平衡,其操纵分为横向、俯仰、航向三个方面。直升机由旋翼旋转产生的气动力的水平分量克服飞行阻力,垂直分量与机体重力相平衡。

直升机操纵分纵向操纵、横向操纵、航向操纵和总距操纵四个方面,如图0-9所示,操纵机构的设计总是能保证驾驶员手脚的操纵动作与操纵习惯相一致。

(1)纵向操纵。前推驾驶杆,旋翼拉力前倾,直升机下俯增速;反之,后拉驾驶杆,直升机上仰减速[见图0-9(a)]。

(2)横向操纵。左、右压杆,旋翼拉力倾斜使直升机左、右倾斜[见图0-9(b)]。

(3)航向操纵。左、右蹬脚蹬,使尾桨各片桨叶的安装角同时变化,进而调节尾桨拉力使直升机左、右摆动[见图0-9(c)]。

(4)总距操纵。上提油门变距杆,使旋翼各桨叶安装角同时增大,拉力增大,直升机上升;反之,下放油门变距杆,使安装角减小,拉力减小,直升机下降[见图0-9(d)]。

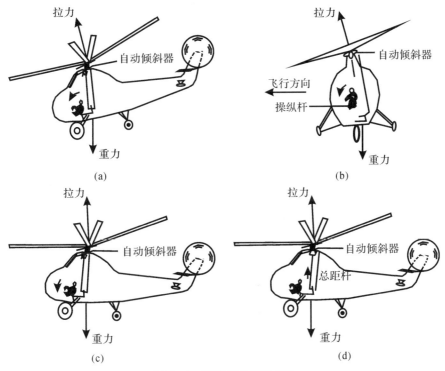

图0-9　直升机的操纵方法

(三)操纵原理

旋翼操纵机构包括总距操纵机构和周期变距操纵机构,如图0-10所示。其中,连接周期变距操纵杆(10)、总距操纵杆(8)与自动倾斜器(3)的操纵线系由硬拉杆与摇臂组成,每条线系均由可提供相同操纵力的液压伺服机构(1、2、4)来操纵自动倾斜器。复合摇臂(5、7)为周期变距操纵和总距操纵线系的汇合处,每个线系均能独立操纵而互不干扰。例如,当增加或减少总距时,不影响自动倾斜器的倾角(即周期变距操纵保持不变);而当操纵周期变距操纵杆时,也不影响总距数值(即自动倾斜器倾斜,但其中心保持在原高度上)。自复合摇臂以后总距操纵使用纵向和横向操纵线系,移动总距操纵杆使三个伺服机构作同等的位移,带动自动倾斜器平移。周期变距操纵杆和总距操纵杆的作用如下:

（1）当向前推周期变距操纵杆时，纵向线系使自动倾斜器绕 x 轴（该 x 轴通过两个横向伺服机构的安装点）向前倾斜；

（2）当向左压周期变距操纵杆时，左、右横向线系作反向的等距运动，使自动倾斜器绕 y 轴（该 y 轴通过纵向伺服机构安装点）向右倾斜；

（3）当上提总距操纵杆时，总距值增大，纵向和横向线系自复合摇臂处起，在相同方向作等量的位移，使得自动倾斜器平行于初始位置向上平移。

尾桨操纵系统供驾驶员操纵尾桨变距，改变尾桨的推力，以控制直升机的航向，又称为航向操纵系统。可以用两种方式实现尾桨桨距的改变：一是当总距改变时，旋翼扭矩变化，通过总距-航向联动装置自动取得尾桨桨距的改变；二是操纵脚蹬得到尾桨桨距的变化，当向前蹬右脚蹬时，尾桨叶桨距增加，进而使尾桨推力增加，直升机向右转，而向前蹬左脚蹬时，效果正好相反。

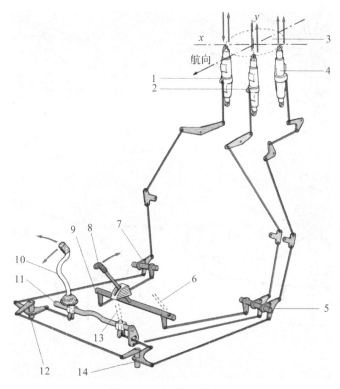

图 0-10　旋翼操纵机构

1—右横向伺服机构；2—纵向伺服机构；3—自动倾斜器；4—左横向伺服机构；5—左复合摇臂；6—副驾驶总距操纵杆；
7—右复合摇臂；8—总距操纵杆；9—总距操纵杆扭力轴；10—周期变距操纵杆；11—周期变距操纵杆扭力轴；
12—右横向线系摇臂组件；13—副驾驶周期变距操纵杆；14—左横向线系摇臂组件

四、直升机的主要特点

与固定翼飞机相比，直升机的主要特点是：①能垂直起降；②能像"吊扇"一样悬停在空中；③能向前、后、左、右等任意方向飞行。直升机之所以具有这样的特点，主要是由其空气动力特性决定的。

直升机在任意飞行速度(包括零速度)下,旋翼都能产生拉力——旋翼的升力;而固定翼飞机的飞行速度只有超过允许的最小速度,所产生的升力足以平衡飞机本身的重力后,才能正常飞行。并且当飞行速度减小时,要保持所需的升力,必须增大迎角,但迎角的变化范围有限,不得过大;否则,不仅不能产生所需的升力,反而导致飞机失速而危及飞行安全。对直升机来说,旋翼的转速只要不低于相应飞行状态允许的最小数值,就可保证正常飞行。

直升机在空气动力方面的另一特点是,前飞时旋翼桨叶所受到的气流相对速度均不对称,且随着飞行速度的增大,这种不对称也愈加严重,使直升机的控制更为困难。

在操纵方面,直升机与固定翼飞机的主要区别是反应迟缓。这是由于直升机的空气动力主要来源于旋翼,直升机纵向与横向运动又是通过操纵机构改变旋翼气动合力的方向得以实现,旋翼气动合力与重心的垂直距离较小,使旋翼气动合力偏斜对重心所形成的操纵力矩的变化较小(力臂相对较小),所以通过操纵机构控制直升机的反应比较迟缓。比较而言,固定翼飞机的舵面距机体重心相对较远,若有操纵,会产生较大的力矩。此外,直升机旋翼是个动量矩很大的旋转体,宛如一个定轴性良好的大陀螺,力图保持锥体方向不变(定轴性),也使直升机操纵反应迟缓。但是,当发动机在空中发生故障时,直升机可利用旋翼自转下滑,安全着陆。

直升机本体运动稳定性较差,操纵中协调动作多、难度大,因此越来越多的直升机上装备了飞行控制系统,以缓解飞行员的疲劳,增加飞行控制的稳定性,改善直升机的飞行品质。

第二节　飞行控制系统

一、飞行控制系统的基本功能

飞行控制系统是能部分或全部地代替驾驶员,控制直升机角运动和重心运动(轨迹运动),并能改善飞行品质的控制系统,通常由不同功能的分系统组成。飞行控制系统不仅具有自动驾驶仪的功能,如姿态保持、航向保持和高度保持等,而且能改善飞机(直升机)的操纵性和稳定性,实现航迹控制、自动导航和自动着陆/着舰等。

直升机飞行控制系统还有其独特的功能,如垂直升降、自动悬停、自转、自动过渡飞行、自动载荷稳定和着舰引导飞行。现在,飞行控制系统又向着运用主动控制、自主控制等现代控制技术的方向发展,进而具有地形回避、地形跟踪和防撞等自动控制功能。

二、飞行控制系统的基本原理

(一)自动驾驶仪的原理

自动驾驶仪是一种能够保持或改变直升机飞行状态的机载自动控制设备。它模仿飞行员所实施的人工操纵,达到自动控制直升机的目的。

假设要求直升机作水平直线飞行,飞行员应如何控制直升机呢?

直升机受干扰(如阵风)偏离原姿态,例如抬头,飞行员用眼睛观察到仪表板上地平仪的变化,用大脑做出决定,通过神经系统传递到手臂,推动驾驶杆使自动倾斜器前倾,产生相应的低头力矩,使直升机趋于水平。飞行员从地平仪上看到修正的结果,逐步回收驾驶杆。当直升机恢复水平时,使驾驶杆回到原位,停止修正。这一过程可用图 0 - 11 表示。

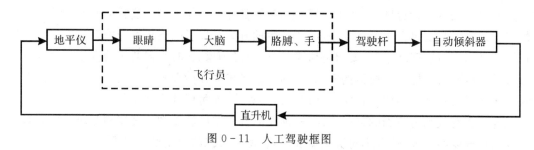

图 0-11　人工驾驶框图

自动驾驶仪模仿飞行员自动驾驶时,必须包括与眼、脑、手相对应的装置,并与直升机组成如图 0-12 所示的闭环控制系统。

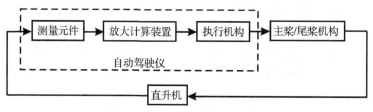

图 0-12　自动驾驶仪原理框图

自动驾驶的基本原理是,直升机偏离原平衡状态后,测量元件测量到偏离的大小和方向,并输出相应的信号,经放大、计算后,按偏差自动调节原理,控制执行机构操纵主桨或尾桨机构,使直升机向着修正偏差恢复原状态的方向运动。当直升机回到原状态时,测量元件输出信号为零。操纵机构也回到原位,直升机重新按原状态飞行。

因此,自动驾驶仪中的测量元件、放大计算装置和执行机构可代替飞行员的眼睛、大脑与四肢,自动驾驶直升机。这部分是飞行自动控制系统的核心,称作自动驾驶仪。

(二)飞行控制系统的原理

飞行控制系统是自动驾驶仪的发展,它除具有自动驾驶的基本功能外,还具有增稳、控制增稳、自动悬停控制、自动过渡和自动载荷稳定等功能。

(1)增稳系统是由传感器、校正网络、放大器、舵机和直升机机体组成的一个反馈控制系统。若仅采用角速度陀螺作为传感器来增加对短周期振荡的阻尼,减小直升机的摆动,就称为阻尼器。若增加感受加速度信号或迎角、侧滑角信号,改善了静稳定性,就称为增稳系统。

增稳系统与驾驶员的机械操纵系统是相互独立的,它在使用范围内自动参与直升机操纵而又不妨碍驾驶员操纵,因此常对增稳权限加以限制,或者在反馈回路引入高通滤波网络,但限制了工作范围和效能。

(2)控制增稳系统是由增稳系统发展而产生的一种飞行控制系统,用以提高直升机的稳定性和操纵性,并解决它们之间的矛盾。

控制增稳是与机械操纵系统并列工作的飞行控制系统。它与增稳系统的主要区别是把驾驶杆的操纵以电信号形式加到普通增稳系统的回路中,与其他敏感元件输出的信号综合后参与控制。控制增稳系统采用的反馈增益比增稳系统高,提高了回路的阻尼作用,从而减小因突风和外形变化所引起的扰动,使系统具有较高的稳定性,有利于提高武器的投放精度。当直升机作机动飞行时,由于驾驶杆的操纵信号使阻尼信号变弱,直升机的操纵性变好,进而同时兼顾了稳定性和操纵性。

（3）自动悬停控制系统又称"悬停位置控制系统"，在直升机处于悬停状态时，自动控制直升机的角运动，稳定悬停高度，稳定和控制悬停位置（指纵向和侧向位置）。

悬停时，直升机角运动控制的方式和规律与前飞状态相似，但此时直升机自身稳定性更差。稳定悬停高度的位置信号有气压高度、无线电高度、抛出机舱外钢索的拉力或电缆的长度等。获得精确的悬停位置信号是一个关键的技术问题。为此，可利用机舱外钢索上的角度传感器给出机身偏移信号，利用水中电缆角度信号相对水流稳定悬停位置，还可利用多普勒信号实现悬停。20世纪70年代发展起来的景象相关跟踪及脉冲正弦调制测距技术也可用作实现精确悬停的控制信号。

（4）自动过渡指自动控制直升机从悬停到前飞和从前飞到悬停的过渡飞行，是直升机飞行控制系统的一种扩展功能，有助于完成反潜、救援、起吊等任务。利用速度和高度信号控制直升机按预定规律从前飞状态逐渐下降高度和速度，直至进入悬停状态；反之，从悬停至前飞状态。20世纪60年代，国外已开始装备应用，今后将逐步解决下面几个技术问题：在复杂气象和夜间救生情况下的使用性，保证驾驶员的安全性和舒适性，在飞行动态性能变化大的情况下的适应性。

（5）自动载荷稳定系统是直升机自动飞行控制系统的分系统，用于阻尼直升机外部吊挂载荷的摆振。当直升机操纵不正确时，会使外挂载荷（货物）摆动振幅值增大，因而引起载荷对机体的破坏和损伤。利用载荷钢缆角度传感器，把载荷偏摆角信号和钢缆长度信号等综合到自动控制系统，操纵直升机的纵向和横向移动，使摆动得到阻尼。

由于增稳系统工作时驾驶员仍能直接参与操纵，这不符合自动的定义，不能归为自动控制系统。本书除讲述利用自动驾驶仪的飞行控制外，还要介绍增稳系统等，因而定名为"飞行控制系统"。

三、飞行控制系统的总体结构

飞行控制系统是完成各种单一功能控制子系统的总和。常规飞行控制系统的总体结构如图0-13所示，系统主要由完成三个功能任务的层次构成：最底层的任务是提高直升机运动和突风减缓的固有阻尼——三个角运动轴方向的阻尼器功能；第二层的任务是进一步改善直升机的气动特性，稳定直升机的航向姿态角和空气动力状态——基本自动驾驶仪的功能；第三层的任务是控制飞行高度、航迹和飞行速度，实现较高级自动飞行控制功能。

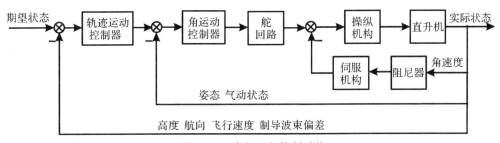

图0-13　常规飞行控制系统

从20世纪80年代开始，飞行控制系统发生了重大变化，除使用电传操纵外，还采用了现代控制及电子技术，构成具有多回路综合控制的现代飞行控制系统。但是，它所反映的功能层次基本未变，如图0-14所示。

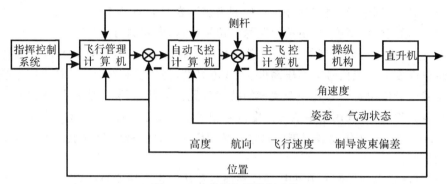

图 0 - 14 现代飞行控制系统

取消机械操纵系统,飞行员通过内回路控制的"主飞行控制计算机"及舵回路控制飞行轨迹。自动飞行时,通过外回路的"自动飞行控制计算机"及舵回路自动控制飞行轨迹,并通过"飞行管理计算机"进行导航计算和飞行航线计算,构成直升机三维运动轨迹控制的顶层回路。该回路与地面指挥控制系统、机载系统直接通信,进行数据交换,从根本上协调各回路的控制,进而根据测量的飞行位置与飞行监控所规定的飞行轨迹进行比较,实现轨迹优化控制和自动驾驶程序控制。在飞行中,飞行员可通过操控装置(如侧杆等)干预自动飞行控制过程,确保飞行安全。

四、直升机飞行控制系统的发展简史

随着航空技术、控制理论和微电子计算机技术的飞速发展,飞行控制已成为保证先进飞行平台高性能和新任务能力的关键技术之一。飞行控制经历了由模拟式向数字式系统的过渡,采用主动控制技术(ACT)的电传飞行控制系统(FBWS)也进入实用阶段。

现代飞行控制技术总是向着提高飞行可靠性、减轻飞行员操纵强度的方向发展,它在直升机上的发展历程如图 0 - 15 所示。

直升机的发展从早期就一直致力于探索低速飞行控制问题的最佳解决方法。历史经验表明,直升机小速度飞行时的动态稳定性问题,单纯靠气动力方法是无法解决的,因此,随着机载电子设备可靠性的提高和余度管理技术的不断完善,应用电传操纵系统和相关主动控制技术可显著提高直升机的飞行性能,减轻飞行员操纵强度,使他们将更多的精力投入作战任务规划。

美国从 20 世纪 50 年代就开始将主动控制技术应用于直升机的研发。20 世纪 50 年代初研制了"直升机的控制增稳系统";20 世纪 60 年代研制了"用于自动稳定、自动过渡和多普勒自动悬停的自动驾驶仪";20 世纪 70 年代研制了"旋翼反馈-阵风缓和"及"全自动着陆系统";20 世纪 80 年代完成了"四轴侧杆控制""综合飞行/推力控制系统"和"光传操纵系统在直升机上的验证"等工作;20 世纪 90 年代又在 Comanche、V - 22 等先进直升机上验证了"先进数字/光学控制系统(ADOCS)""先进座舱管理系统""飞行/推力/火力综合控制系统"和"结构载荷限制"等多项主动控制技术。21 世纪以来美国军方和波音公司在 Apache 电传直升机(AH - 64D)上,实施了基于综合控制的直升机主动控制技术(HACT)的飞行验证,主要对飞行器管理系统(VMS)中的主动控制(如无忧操纵、状态识别和任务剪裁控制律等)关键技术进行研究,验证这些技术对旋翼机控制、飞行品质和任务效能带来的进步。除美国外,俄、英、法、德、

意和荷兰等国也都在进行将主动控制技术应用于直升机的工作。

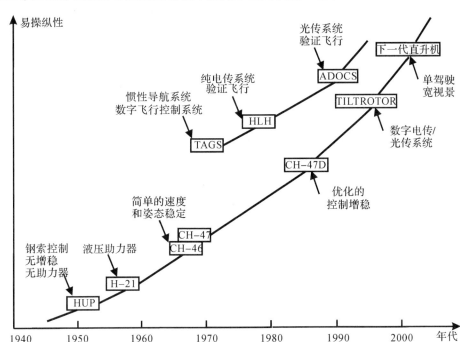

图 0-15 直升机飞行控制技术的发展历程

含有主动控制功能的电传飞行控制技术的应用,使飞行控制系统成为保证直升机飞行性能、任务能力和飞行安全的关键系统。以飞行控制为纽带与推力控制及火力控制等航空电子系统相综合,成为现代直升机发展的主流方向。直升机由相似硬件构成三余度、四余度结构,或采用由非相似硬件和软件构成的多余度结构配置,并实现了由局部操纵的机械备份系统向全数字电传系统的过渡,保证了电传操纵系统的安全性。

综上所述,新一代高性能直升机上均已采用了先进的多余度数字式电传飞行控制系统。为了适应现代化战争的需要,直升机的飞行控制技术正向着扩大飞行功能,提高系统工作的可靠性、生存性,减轻驾驶员工作负担的方向发展。实现上述目标最有效的途径是采用以电传/光传飞行控制技术为基础的综合控制技术和主动控制技术。

五、直升机飞行控制系统课程的主要内容

直升机飞行控制系统是航空自动控制专业的主要课程之一,主要阐述飞行控制的基本原理与控制规律(又称调节规律或控制律),以及相关技术。众所周知,分析控制系统首先要研究被控对象并建立系统的数学模型。飞行器是飞行控制的对象,是空气中飞行的六自由度物体,数学模型的建立比较复杂;直升机的运动特性又更为复杂,是旋翼等空气动力作用的结果。因此在第一章"旋翼空气动力学"中,首先简要介绍旋翼的结构和空气动力学的基本知识。在第二章"单旋翼直升机的动力学方程"中,分析作用在直升机上的力和力矩,以及直升机的稳定性和操纵性,最终建立直升机运动方程,这为研究直升机飞行控制系统建立了控制对象的数学模型。第三章"自动驾驶仪的工作原理"在介绍驾驶仪基本功能和组成的基础上,着重讨论航向与姿态保持、阻尼增稳和自动配平的原理。第四章"直升机的轨迹控制原理"以高度与空速控制、侧向轨迹控制等为例研究轨迹控制的基本原理和控制规律,并针对直升机飞行控制的特点,阐述自动过渡悬停、自转和复飞等状态的基本原理和控制规律。为满足研究现代直升机飞行控制的需要,第五章"现代飞行控制技术"仅简述电传操纵、光传操纵、侧杆控制、主动控制和自主控制等先进技术在直升机上的应用。

复习思考题

1. 直升机主要由哪几部分组成? 各部分的主要功能是什么?

2. 比较并叙述如图 0-1 所示不同构型直升机的结构特点和优劣。

3. 简述直升机操纵系统的基本组成,并叙述各操纵机构的基本工作原理。

4. 对照直升机旋翼操纵机构图,说明总距操纵与周期变距操纵的传动原理。

5. 说明直升机与固定翼飞机在受力与操纵方法上的异同。

6. 思考无铰旋翼直升机为何需要配置尾推发动机。

7. 理解飞行控制系统的定义,指出人工飞行控制与自动飞行控制的区别。

8. 简述直升机飞行控制系统的基本功能。

9. 简述直升机驾驶仪的基本工作原理及其发展过程。

10. 理解飞行控制系统的层次结构及其发展演变。

11. 查阅资料叙述直升机飞行控制系统的发展简史。

12. 查阅资料了解直升机飞行控制技术的研究进展,包括多旋翼飞机在各行各业中的发展应用现状。

第一章　旋翼空气动力学

直升机飞行时的空气动力,主要由旋翼、尾桨和机身等产生,其中旋翼性能直接影响直升机性能。

旋翼旋转产生拉力的同时也会产生旋转阻力,旋翼空气动力学研究空气动力的产生和变化规律。通过研究旋翼空气动力学,理解尾桨和机身等处的空气动力特性。

从旋翼的工作条件和空气动力产生的特点来看,它既像一个旋转的机翼,产生支持机体质量的升力和旋转阻力;又像一个螺旋桨,产生飞机运动所需要的拉力。但是,旋翼与机翼、螺旋桨的空气动力学并不完全相同,具有自身的特点。比如,飞行中流过飞机机翼、螺旋桨的相对气流基本是均匀、稳定的,而流过旋翼的相对气流不仅在每一片桨叶不同切面处不同,而且在同一片桨叶的同一截面随桨叶旋转到不同方位时也不一样;飞机螺旋桨只能产生使飞机前进的拉力,而旋翼既可产生升力,又可产生使直升机前进、后退的拉力,以及侧向运动的侧向力。这使旋翼空气动力学变得更为复杂。

本章在介绍旋翼和气流特性的基础上,先分析旋翼的拉力、旋转阻力和需要功率的产生与变化,然后着重研究桨叶挥舞运动等问题,以说明旋翼水平关节、垂直关节的作用。这些内容是分析直升机飞行性能,研究飞行控制规律的基础。

第一节　空气动力学基础知识

为了研究旋翼空气动力的产生与变化规律,必须了解空气流过旋翼时流动速度与压力的变化情况。

一、流场的描述

(一)流场

可流动的介质称为流体,流体所占据的空间称为流场。流场的数学描述为连续函数,即把流场中的流动速度、加速度以及流体状态参数(密度、压强、温度等),表示成几何位置和时间的函数。

空气并非连续介质,因为空气分子间有自由行程。但这微小的自由行程与物体(例如飞行器)的尺寸比较起来,完全可视为无限小,而且所研究的气流速度、加速度、密度、压强、温度等物理量,是统计意义上的气体分子群参数,而不是单个分子行为的描述,这样就可视空气为连续介质。因此,当说流场中某点的流速和状态参数时,是指以该点为中心的一个很小邻域中的分子群,称为流体微团。

(二)流线

流场中可以描绘出这样一类曲线,在某个瞬间,曲线上每点的切线与当地的流速方向一致,这类曲线称为流线。因此,流体微团不会穿过流线,流线也不会相交。

(三)流管

由于流体微团不会穿过流线,可以想象许多流线围成管状,管内的流体只在管内流动而不流出,管外的流体也不会流入,此管称为流管,如图1-1所示。

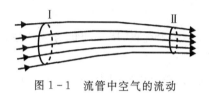

图1-1 流管中空气的流动

(四)非定常流和定常流

如果流场中各点的速度、加速度及状态参数等与几何位置有关且随时间而变化,则称为非定常流。非定常流场中的流线随时间而变。如果流场中各点的速度、加速度及状态参数等只是几何位置的函数,而与时间无关,则称为定常流。定常流场中的流线不随时间变化。空气动力学研究的大部分问题是定常流问题。

二、气流和相对气流

气流就是空气的流动。站在有风的地方会感到有空气流过身边;无风的时候站在急驶的敞篷车上,同样会感到有空气从身边流过。这说明空气的流动是相对于物体而言的,把空气相对于物体的流动称为相对气流。

物体在静止的空气中运动和空气流过静止的物体,这虽然是两种不同的现象,但同样都会产生空气动力——空气在流动中作用在物体上的力。根据这个道理,可以如实地以桨叶在静止空气中运动的情况来研究飞行问题,也可以视桨叶不动,让空气以桨叶各剖面运动的速度流过桨叶,来研究空气动力的产生和变化情况。这就是运动的转换原理,它在实验或理论计算中经常用到。

三、低速空气动力学基本定律

空气在低速流动中基本认为是不可压缩的。下面讨论在不考虑空气密度变化的条件下,空气动力学的基本定律。

(一)连续性原理和连续方程

流体连续性原理可用于分析气流速度和流管切面面积大小之间的关系。当流体连续而稳定地流过一条粗细不等的管子时(见图1-2),因管道中任一部分的流体都不能中断或积压起来,在同一时间内,流过任一切面 A_1 的流体质量和从另一切面 A_2 流出的流体质量应该相等。这就是流体连续性原理,又称流量不变原理。

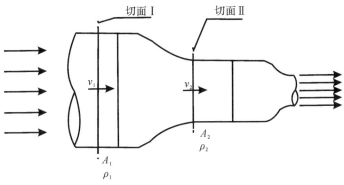

图 1-2 流体连续性原理

由流体连续性原理不难看出,在流体密度保持不变的条件下,流过不同切面的流体质量相等,因此,必然是管径细的地方流得快,管径粗的地方流得慢。这种关系还可以用数学表达式描述:空气在低速流动中,可以认为密度 ρ 基本不变;在单位时间内,流过管道任一切面的空气体积(V_L),应等于空气流过该切面的速度(v)与该切面面积(A)的乘积,即 $V_L = vA$,因而单位时间内流过该切面的空气质量为 $m = \rho vA$。

根据连续性原理,空气流过管道任意两切面的质量应当相等,即

$$\left. \begin{array}{r} \rho v_1 A_1 = \rho v_2 A_2 = C \\ v_1 A_1 = v_2 A_2 = C \end{array} \right\} \qquad (1-1)$$

式(1-1)就称作流体连续方程。它表明空气流过一条粗细不同的管道时,气流速度与管径粗细成反比。前提是:①同一流管;②低速稳定流动。

(二)伯努利定理和伯努利方程

1.伯努利定理

伯努利定理是 1738 年由瑞士物理学家丹尼方·伯努利提出的,描述了流体在流动中压力与流速之间的关系。

空气流速与压力的关系,可用图 1-3 所示的实验说明。空气静止时,在实验管各切面处,空气压力处处一样,都等于大气压力。但是当空气稳定地流过实验管时,情况就会不同。仔细观察可知,连接各切面玻璃细管内的水柱普遍上升,而且上升的高度各不相同。由连续性原理可知,在管子细的地方流速快,连接此处玻璃细管内的水柱较高,说明空气压力小;粗的地方流速慢,连接此处玻璃细管内的水柱较低,说明空气压力大。这说明管子细的地方的压力要低于管子粗的地方的压力。这种现象,只有当管中的空气处于流动状态时才呈现出来。

上述实验结果表明:在同一流管中,流速快的地方压力小,流速慢的地方压力大。这就是伯努利定理的基本内容。

2.伯努利方程

伯努利定理所阐述的流速与压力之间的关系,实质上就是能量守恒定律在流动空气中的体现。能量守恒定律指出:如果

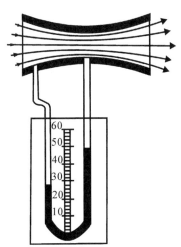

图 1-3 气流压力随流速
变化的实验

气流与外界没有能量交换,一定质量的空气所包含的总能量是不变的,既不会减少也不会增加,只能从一种形式转化为另一种形式。

流动空气中共包含三种形式的能量:动能、压力能和内能。一定质量的空气在流动中具有动能,速度越大,动能也越大;同时,流动空气具有一定的压力,能推动其他部分的空气或物体而做功,可见空气压力也是一种能量,称为压力能。空气压力越大,压力能也越大。空气具有一定的温度,可以对外做功,说明具有一定的内能,温度越高,内能也越大。此外尚有重力位能,但因空气质量很小,重力位能甚小,一般可略去不计。

对一定质量的空气而言,如果能量没有散失,也没有加入,则其动能、压力能和内能的总和是不变的;在低速(ρ不变)且不考虑摩擦损失时,其内能也保持不变。那么,空气在流动过程中,只有动能和压力能发生相互转化,而两者之和为一常量,即

$$动能+压力能=常量$$

流体的动能和压力能可以互相转化,动能可以转化为压力能,压力能也可以转化为动能。例如气流速度减小时,动能减小,压力能必然增大,表现为压力增大;气流速度增大时,动能增大,压力能必然减小,表现为压力减小。这就是流速减慢则压力升高,流速加快则压力降低的道理。

第二节　旋翼的结构与参数

旋翼空气动力的产生与变化,与旋翼的结构形式、基本参数和桨叶的几何特性等因素密切相关。

一、旋翼的基本结构

直升机旋翼由桨毂和几片桨叶组成,桨叶用来产生拉力,桨毂用来安装桨叶。发动机工作,通过减速器和旋翼轴驱动桨毂和桨叶一起旋转,产生拉力。桨叶与桨毂间采取铰接方法连接。桨毂上包括水平、垂直和轴向三个铰,如图1-4所示。

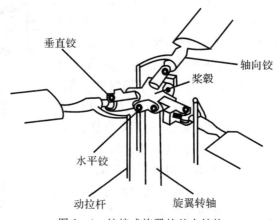

图1-4　铰接式旋翼的基本结构

水平铰的作用是,在飞行过程中(如前飞),克服因两侧桨叶拉力大小不等所产生的不平衡力矩,从而避免直升机在前飞中的侧翻。

垂直铰的作用是,允许桨叶绕垂直铰前后摆动一个角度,减轻桨叶根部材料疲劳。

轴向铰的作用是,通过操纵机构,使桨叶绕轴向铰转动,改变桨距角,进而改变桨叶的拉力,迫使桨叶按需要挥舞,以便获得相应的力或力矩。

二、旋翼的基本参数

(一)旋翼转速

旋翼每分钟旋转的圈数,叫旋翼转速(n 或 Ω),单位是转/分(r/min)或弧度/秒(rad/s)。

(二)旋翼直径与桨盘面积

旋翼旋转时,若忽略桨叶的挥舞,则桨尖所划圆的直径,就是旋翼的直径(D),桨尖所划圆的面积,称作桨盘面积(F),如图 1-5 所示。

桨盘面积是影响旋翼拉力大小的重要因素。在同样条件下,桨盘面积大的旋翼产生的拉力大;反之则小。

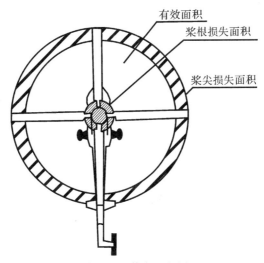

有效面积
桨根损失面积
桨尖损失面积

图 1-5　桨盘面积图

(三)桨盘实度(充填系数)

旋翼桨叶的总面积与桨盘面积的比值称为桨盘的实度,又叫充填系数(σ)。

现代直升机的充填系数约为 0.03～0.09。

(四)旋翼迎角

直升机飞行时,未扰动气流与桨毂旋转平面之间的夹角称为旋翼构造迎角(α_{xy})。

飞行状态不同时,旋翼迎角的大小和方向(正负)也不同。如图 1-6 所示,当气流自下而上吹向桨毂旋转平面时,迎角为正;反之则为负。与固定翼飞机不同,直升机旋翼迎角的变化范围很大。垂直下降时,$\alpha_{xy} = 90°$;一般平飞时,$\alpha_{xy} = -5°\sim10°$。大多数情况下,直升机以负旋翼迎角飞行,而固定翼飞机一般总是处于小的正迎角飞行状态。

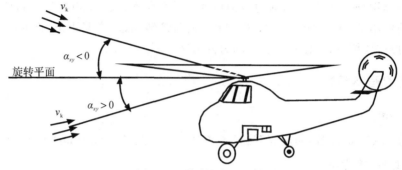

图 1-6　旋翼的构造迎角

(五)旋翼诱导速度

旋翼工作时,旋翼上方的空气被吸入桨盘,继而受桨翼的排压,一面扭转(扭转方向与旋翼转向相同),一面加速向下流去。这种受旋翼作用一面扭转、一面加速向下流去的气流称为滑流。由于旋翼转速不高,滑流扭转量不大,因此常不考虑滑流扭转;而把滑流受旋翼作用向下流动所增加的速度叫诱导速度,用 v_{you} 表示。

诱导速度的分布比较复杂,如图 1-7 所示。一般以桨盘上诱导速度的平均值作为旋翼的诱导速度,以方便研究计算。

诱导速度的大小与旋翼的拉力密切相关。诱导速度越大,说明空气受到的拉力越大;反之则小。

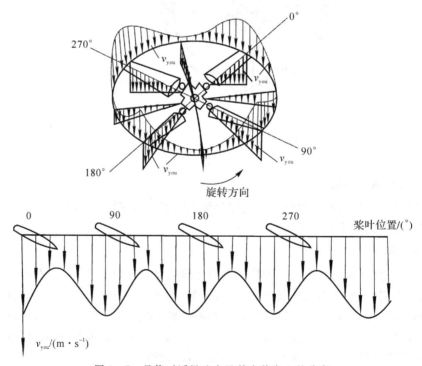

图 1-7　悬停时诱导速度及其在桨盘上的分布

(六)前进比和流入比

沿旋翼构造平面的相对气流速度与桨尖速度的比叫前进比(μ)。

当水平飞行时,前进比可近似表示为

$$\mu = \frac{v_k}{\Omega R} \tag{1-2}$$

可见,μ 值的大小与飞行速度成正比。

沿桨毂旋转轴方向的相对气流速度与旋翼桨尖速度的比叫流入比(λ)。它是计算旋翼空气动力的重要参数。在平飞和上升状态,λ 为负值,表示气流自上而下流入旋翼;在下降时,λ 为正值,表示气流自下而上流入旋翼。

(七)桨距

虽然在构造上安装角沿径向的分布规律不变,但是整片桨叶仍可绕自身轴——变距轴线在一定范围内转动;也就是说,各个剖面的安装角可以同时增加或减小某个角度。这时,无须分别说明不同剖面的安装角为多少,只要指出其中之一,其他剖面的安装角立即可以推得,因为它们之间的相对变化是固定的。通常把旋转半径 $r = 0.7R$ 处的切面称为桨叶的特征剖面,以该剖面的安装角(φ_7)为基准。而且,为了区别桨叶剖面(翼型)安装角的这个叫法,φ_7 称为整片桨叶的安装角,或称为桨叶的桨距(blade pitch)。

每片桨叶的桨距在旋转一圈时也可能是周期变化的,因此,对于整具旋翼来说,各片桨叶在不同方位处的桨距可能彼此不同。这样,又有总距(collective pitch)一词,用来说明旋翼各片桨叶的平均桨距。操纵直升机总距杆,可使旋翼各片桨叶的桨距(亦即各片桨叶所有剖面的安装角)同时增加或减小某个量值。

三、桨叶的基本参数

直升机桨叶的几何形状种类很多。常见的翼型平面形状有椭圆形、矩形、梯形、混合梯形和桨尖后掠形等几种;切面形状有平凸形、双凸形和对称形。桨叶的几何形状不同,气动性能也不一样。反映桨叶形状、工作状态和气流特性的参数有很多,现将直升机运动分析中用到的主要参数作下述定义。

(一)桨距角

桨叶某一剖面的翼弦(即该桨叶切面的前缘与后缘的连线)与桨毂旋转平面的夹角,用 φ 表示,如图 1-8 所示。它又称作桨叶剖面安装角,在直升机空气动力学中具有特别重要的意义。一般来说,φ 角沿径向变化,且多成线性关系。

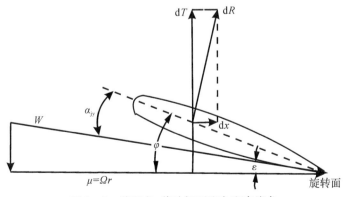

图 1-8　桨距角、桨叶切面迎角和来流角

（二）切面迎角

桨叶切面的相对气流合速度 W（即平行于桨毂旋转平面，由旋转引起的相对气流速度 Ωr，与直升机升降、桨叶挥舞、诱导速度而引起的垂直于桨毂旋转平面的相对气流速度 v_{cz} 的合成速度）与翼弦的夹角，用 α_{jy} 表示。

（三）来流角

桨叶的相对气流合速度 W 与桨毂旋转平面之间的夹角，用 ε 表示。桨距角 φ、桨叶切面迎角 α_{jy} 和来流角 ε 之间有如下关系：

$$\alpha_{jy} = \varphi - \varepsilon \qquad\qquad (1-3)$$

由于桨叶在旋转时，各切面的圆周速度不等，而使桨叶径向空气动力分布很不均匀。为改善桨叶的气动特性和受力情况，桨叶都具有一定的扭转角，即从桨根到桨尖各切面的桨距角是逐渐减小的。为计算桨叶空气动力方便，常用特征切面的桨距角、迎角和来流角来分别代表整个桨叶的桨距角、迎角和来流角。

第三节　旋翼的空气动力特性

旋翼的空气动力包括，沿旋翼转轴垂直于桨毂旋转平面的拉力 T，位于桨毂旋转平面上指向直升机后方或前方的纵向力 H_S，在桨毂旋转平面内并垂直于拉力和纵向力的侧向力 S_S。如图 1-9 所示，三个力的合力 $\boldsymbol{R} = \boldsymbol{T} + \boldsymbol{H}_S + \boldsymbol{S}_S$，称为旋翼的总空气动力。理论和飞行试验表明，纵向力 H_S 和侧向力 S_S 比拉力小得多，拉力 T 与总空气动力 R 相差不大。

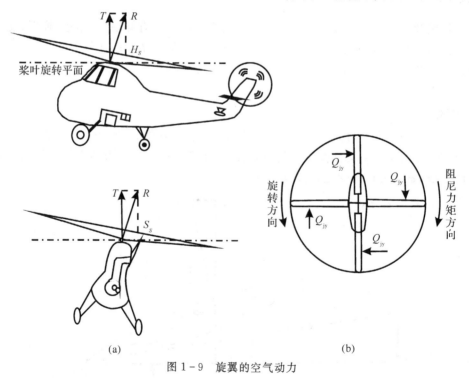

（a）　　　　　　　　　　　　　　　（b）

图 1-9　旋翼的空气动力

此外，旋翼的空气动力还有沿旋翼实际旋转平面与旋转方向相反的桨叶旋转阻力 Q_{jy}，它对旋翼转轴形成旋翼旋转阻力力矩（M_{xy}）。

旋翼空气动力是由若干片桨叶共同产生的,因此,本章先分析桨叶(翼型)的空气动力,然后再分析旋翼拉力和旋转阻力的产生和变化,最后分析直升机前飞时由于旋翼的挥舞和旋翼锥角的倾斜对旋翼空气动力的影响。

一、桨叶的空气动力特性

桨叶实际上就是一个转动的机翼。桨叶与机翼相比,除了各切面对气流的速度与迎角随旋转半径不同外,其他均与机翼一样。如果把整个桨叶看成由许多小段机翼组成,整个桨叶的空气动力也可以近似看成各小段机翼空气动力的总和。这样,小段桨叶就同小段机翼完全一样。如果作用于各小段桨叶上的空气动力都已知,就不难分析出作用于整个桨叶以至整个旋翼上的空气动力。因为小段机翼只考虑沿翼弦方向的压力变化,而认为沿小段机翼长度方向的压力是均匀的,故小段机翼常称为翼型,小段机翼的空气动力特性称为翼型空气动力特性。

小段桨叶(翼型)与空气发生相对运动时,作用在翼型上的空气动力分为两部分,如图 $1-10$ 所示:一是与相对气流方向(W)垂直的升力(Y_{yx});一是顺相对气流方向阻止翼型与空气相对运动的阻力(X_{yx})。它们的合力(R_{yx})称为翼型的总空气动力,即 $R_{yx} = Y_{yx} + X_{yx}$。

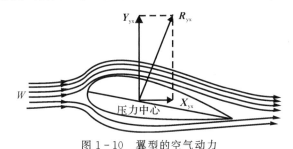

图 $1-10$　翼型的空气动力

(一)翼型升力

1. 产生原理

下面以双凸形翼型为例说明在不同迎角时产生升力的情况。

观察空气流过翼型的流线谱可知:空气流到翼型前缘,分成上、下两股,分别沿翼型上、下表面流过。在小迎角情况下,由于翼型上表面凸出较下表面多,所以上表面流管收敛的也较下表面多;根据连续性原理,流过上表面的气流速度较下表面快;又根据伯努利定理,上表面气流压力较下表面小。这样翼型上、下表面之间就出现了压力差,将翼型各段的压力全部加起来,其中垂直于迎面相对气流方向的压力差的总和,就形成为翼型的升力,用 Y_{yx} 表示。

翼型升力的着力点,即升力作用线与翼弦的交点,叫作翼型的压力中心。

在大迎角情况下,翼型上表面流管收敛得更多,流速增加得更大,压力下降更多;而在下表面,流管不但没有收敛,反而有些扩散,流速减小,压力增大,使翼型上、下表面压力差大大增加,因而升力也随之更加增大。

对于对称翼型,在迎角为零时,上、下表面流管变化是对称的,上、下表面的压力差为零,不产生升力。但是,只要迎角不为零,翼型上、下表面流管就不对称,就能形成上、下表面压力差,产生翼型升力(Y_{yx})。

2. 升力公式

为了确定翼型的升力公式,沿桨叶径向取一小段(Δr)桨叶(简称"翼型"),因为 Δr 很小,可近似认为流向该小段桨叶的相对气流速度和迎角都是均匀的,因而沿 Δr 的压力分布也是均匀的。这样只考虑沿翼弦方向的压力变化,使问题得到简化。

升力是翼型上、下表面的压力差形成的,所以压力差乘以翼型的面积,就是翼型的升力。由于翼型表面沿翼弦方向的压力是不相同,为了求得整个翼型的升力,必须采用分段求和的方法计算。

空气力学实验和理论分析表明,翼型的升力可表示为

$$Y_{yx} = C_{Y_{yx}} \cdot \frac{1}{2}\rho W^2 S_{yx} \tag{1-4}$$

式中,W——翼型前缘相对气流的速度;

$C_{Y_{yx}}$——翼型升力系数;

S_{yx}——翼型表面面积。

翼型升力公式虽然是从桨叶微段求得的,但理论和实验证明,它对产生升力的航行体都是普遍适用的。如固定翼飞机机翼的升力公式为

$$Y = C_y \cdot \frac{1}{2}\rho v^2 S \tag{1-5}$$

式中,C_y——机翼升力系数;

v——飞机飞行速度;

S——机翼平面面积。

对于桨叶的升力,由于桨叶各切面处的切线速度(相对气流速度)和迎角均不相同,因此桨叶的升力公式一般选取桨叶特性剖面($r = 0.7R$)处的升力系数、切线速度和桨叶面积作为计算桨叶升力的平均值,即

$$Y_{jy} = C_{Y_{jy}} \cdot \frac{1}{2}\rho(\Omega r)^2 S_{jy} \tag{1-6}$$

式中,S_{jy}——桨叶面积;

$C_{Y_{jy}}$——桨叶特性剖面升力系数。

3. 升力系数

升力系数 $C_{Y_{yx}}$ 是表征翼型升力特性优劣的重要参数。升力系数的大小虽然并不说明升力的大小,却反映了翼型形状、桨叶迎角和相对气流 Ma 数对升力的综合影响,表征翼型在不同迎角和 Ma 数下产生升力的能力。

翼型的升力系数大小可以由风洞试验绘制的升力系数曲线求得。

升力系数曲线反映了被试验翼型的升力系数随迎角变化的基本规律,如图 1-11 所示。一般地,当 $\alpha = 0$ 时,$C_{Y_{yx}} \neq 0$,即迎角为零,升力并不为零;原因在于翼型一般是非对称的,上表面比下表面拱曲,即使 $\alpha = 0$,由于上表面的流速大于下表面的流速,仍会产生一定的升力。对于非对称翼型的桨叶,仅当 α 为某负值时 $C_{Y_{yx}}$ 才为零,这时的迎角称为零升角 α_0。当迎角较小时,迎角越大 $C_{Y_{yx}}$ 也越大;但当迎角超过某个数值后,$C_{Y_{yx}}$ 非但不增加反而下降。使 $C_{Y_{yx}}$ 达到最大值 $C_{Y_{yxmax}}$ 的迎角称为临界迎角 α_{lj}。当 $\alpha > \alpha_{lj}$ 之后,翼型上表面的气流分离形成大的旋涡,气流绕桨叶流态的完美性遭到破坏,使升力下降。因此飞行器飞行时的迎角必须小于 α_{lj},否则不能正常飞行。在 $\alpha < \alpha_{lj}$ 的情况下,$C_{Y_{yx}}$ 与 α 近似成线性关系,即

$$C_{Y_{yx}}^\alpha = \frac{\Delta C_{Y_{yx}}}{\Delta \alpha} = C \tag{1-7}$$

所以当 $\alpha < \alpha_{lj}$ 时,$C_{Y_{yx}}$ 与 α 的关系可用直线方程描述为

$$C_{Y_{yx}} = C_{Y_{yx}}^\alpha (\alpha - \alpha_0) \tag{1-8}$$

综上所述,影响翼型升力的基本因素是相对气流的动压力、翼型面积和升力系数。

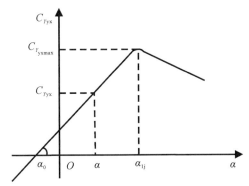

图 1 - 11　升力系数与迎角的关系

(二)翼型力矩和翼型焦点

1.翼型力矩

气流中,作用于翼剖面上的升力 Y_{yx} 对翼型前缘的力矩称为翼型力矩。规定上仰力矩为正,下俯力矩为负。

如图 1 - 12 所示,对双凸翼型在 $\alpha = 0°$ 时,作用于翼型上的升力合力为 Y_{yx},其方向与翼型垂直。升力 Y_{yx} 对 A 点的力矩为

$$M_{yx} = - Y_{yx} x_{yl} \tag{1-9}$$

式中, x_{yl} —— 翼型压力中心至翼型前缘 A 点的距离。

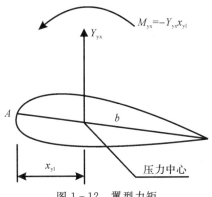

图 1 - 12　翼型力矩

由理论分析和实验证明可进一步得到桨叶翼型的力矩公式:

$$M_{yx} = - C_{Y_{yx}} \cdot \frac{x_{yl}}{b} \cdot \frac{1}{2}\rho W^2 S_{yx} b = C_m \cdot \frac{1}{2}\rho W^2 S_{yx} b \tag{1-10}$$

其中

$$C_m = - C_{Y_{yx}} \overline{x_{yl}}$$

$$\overline{x_{yl}} = \frac{x_{yl}}{b}$$

式中, C_m —— 翼型力矩系数;

　　b —— 翼型翼弦。

力矩系数 C_m 是影响翼型力矩的一个重要因素,通常由风洞试验求出。它随迎角 α(即升力

系数 $C_{Y_{yx}}$)的变化规律如图 1-13 所示。在小于临界迎角范围内, C_m 与 $C_{Y_{yx}}$ 成线性关系,可用下式表示为

$$C_m = C_{m_0} + \frac{\partial C_m}{\partial C_{Y_{yx}}} C_{Y_{yx}} \tag{1-11}$$

式中, C_{m_0} —— 零升力迎角($C_{Y_{yx}} = 0$)时的力矩系数;

$\partial C_m / \partial C_{Y_{yx}}$ —— 力矩系数随升力系数的斜率。迎角小于临界迎角时, $\partial C_m / \partial C_{Y_{yx}}$ 为负值,意味着随着升力系数增大下俯力矩增大。

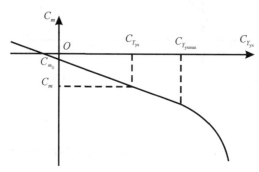

图 1-13 翼型力矩系数随升力系数的变化

2.翼型焦点

当迎角增大时,翼型表面的压力分布也要改变,在原来的基础上,又产生一附加的压力分布(见图 1-14 中的阴影部分),因而也必然产生一个附加升力(ΔY_{yx})。这个由于迎角改变而产生的附加升力在翼型上的作用点,称作翼型焦点。

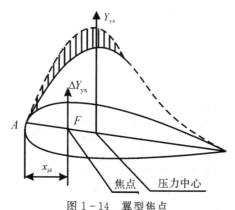

图 1-14 翼型焦点

由理论分析和实验证明,在临界迎角范围内,翼型焦点的位置基本不随迎角改变。所以分析迎角变化引起升力和力矩变化时,可简化为在翼型焦点上产生的附加升力及其力矩的变化。

3.翼型焦点与压力中心的关系

焦点和压力中心是两个不同的概念。升力的作用点叫作压力中心,其位置一般随迎角变化而移动;焦点则是迎角改变时附加升力的作用点,其位置基本不随迎角改变。当迎角增大时,由于附加升力作用在焦点上,对非对称翼型而言,升力增大,压力中心前移靠拢焦点。

由于焦点位置不随迎角变动,还可以推出焦点另一个特征——升力绕焦点的力矩恒为一常数。如图 1-14 所示,作用在翼型上的升力,可以变换为作用在前缘 A 点的升力 Y_{yx} 和绕 A 点的力矩 M_A 。则作用于焦点 F 的力矩为

$$M_F = M_A + Y_{yx} x_{jd} \qquad (1-12)$$

由空气动力学理论分析可以证明,绕焦点的力矩系数始终等于零升力力矩系数。而零升力力矩系数与迎角无关,故对焦点的力矩也与迎角无关。为此通常都把桨叶的轴向铰轴线安排通过翼型的焦点,这样对应于不同的迎角其力矩系数始终不变,减小作用于操纵系统的交变力矩。如果桨叶翼型是对称的,绕焦点的气动力矩为零。由于这个特点,很多直升机的桨叶采用对称翼型。

(三)翼型阻力

翼型阻力是阻止桨叶旋转的空气动力。在低速气流中,桨叶翼型阻力有摩擦阻力和压差阻力两种。这些阻力是由空气的黏性引起的;在高速气流中,又出现了一个新阻力——激波阻力,这是由空气的压缩性引起的。

翼型阻力可表示为

$$X_{yx} = C_{X_{yx}} \cdot \frac{1}{2}\rho W^2 S \qquad (1-13)$$

式中,$C_{X_{yx}}$——翼型阻力系数,它主要取决于翼型表面的质量、外形、迎角及相对气流的 Ma 数。

二、旋翼拉力

旋翼拉力是支托直升机升空和运动的空气动力,平行于旋翼的旋转轴。飞行员操纵直升机改变飞行状态,是靠改变旋翼拉力的大小和方向来完成的。因此,必须研究旋翼拉力的产生及其变化规律。

(一)旋翼拉力的产生

1. 桨叶拉力

桨叶拉力是桨叶无数翼型上气动力沿旋翼旋转轴的合力。下面以垂直上升为例,研究桨叶拉力的产生。

如图 1-15 所示,从以角速度 Ω 旋转的桨叶上,在半径为 r 处取长为 dr,宽为 b 的微段桨叶,相对气流以合速度 $W = U + v$($U = \Omega r$ 为由于旋转而产生的圆周速度,v 为翼型剖面垂直方向气流速度)和一定的迎角 α 吹向这段桨叶,根据翼型升力、阻力公式,作用在这段桨叶上的升力和阻力为

$$dY = C_{Y_{yx}} \cdot \frac{1}{2}\rho W^2 b dr \qquad (1-14)$$

$$dX = C_{X_{yx}} \cdot \frac{1}{2}\rho W^2 b dr \qquad (1-15)$$

合成空气动力为

$$d\boldsymbol{F} = d\boldsymbol{Y} + d\boldsymbol{X} \qquad (1-16)$$

式中,$C_{Y_{yx}}$,$C_{X_{yx}}$——翼型的升力和阻力系数,均与翼型形状、迎角和 Ma 数等有关。

这段桨叶的迎角 α 为其安装角 φ 与来流角 ε 的差。

翼型升力 dY 与 W 相垂直,指向上;翼型阻力 dX 与 W 方向相反,指向后。

气动合力 dF 沿旋翼旋转轴的分力称作翼型拉力;dF 在旋翼旋转平面的分力称作翼型旋转阻力,逆于旋转方向为正。

考虑到桨叶微段升力 dY 和拉力 dT_{jy} 之间的夹角为来流角 ε,因此,该段桨叶的拉力为

$$dT_{jy} = dY\cos\varepsilon - dX\sin\varepsilon \tag{1-17}$$

通常来流角很小$(\varepsilon < 10°)$，dX 较 dY 也小很多，所以可以近似认为 $\cos\varepsilon \approx 1$，$\sin\varepsilon \approx 0^*$。所以，$dT_{jy} \approx dY$，即各段桨叶的拉力$(dT_{jy})$又近似等于它的升力$(dY)$。因此影响桨叶升力大小的因素也就是影响拉力大小的因素。

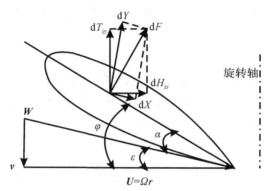

图 1-15　小段桨叶（翼型）的空气动力

必须指出，各段桨叶所产生的拉力是不同的。一般说来，旋转半径大处的桨叶微段，由于相对气流合速度大，拉力也大；对于具有负扭转角（即从桨根到桨尖安装角逐渐减小）的桨叶，旋转半径大处的桨叶拉力则有所减小。桨叶拉力分布如图 1-16 所示。由于相对气流合速度是影响拉力的主要因素，故由桨根开始随旋转半径增大拉力也随之增大。但在桨尖部分，由于安装角减小和桨叶下表面的均压作用（即桨叶下表面压力较大的空气，绕过桨尖流向上表面），桨尖部分产生的拉力又随旋转半径的增大不断减小。理论和实践证明，产生最大拉力的部位，一般位于距旋转轴约为 $70\% \sim 75\%$ 旋翼半径的桨叶切面上。因此，通常认为桨叶拉力作用在特性剖面处，即桨叶半径等于 $0.7R$ 的特性剖面处。

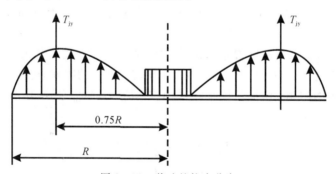

图 1-16　桨叶的拉力分布

各段桨叶拉力（dT_{jy}）的总和，就是该桨叶的拉力（T_{jy}）。所以桨叶拉力为

$$T_{jy} \approx Y \tag{1-18}$$

但是，由于桨叶的叶端损失，有效作用不是由 $0 \sim R$。为计算方便，积分的上、下限仍用原值，而在积分号前引入一个叶端损失系数 k。因此，式（1-18）又可写为

$$T_{jy} \approx k \int_0^R dY \tag{1-19}$$

$*$　$\sin\varepsilon \approx \varepsilon$，由于 ε 较小，可近似认为拉力等于升力，但不能认为阻力近似为零。

2. 旋翼拉力

各桨叶拉力的总和为旋翼的拉力，用 T 表示，如图 1-17 所示。若有 N 片桨叶，则旋翼拉力为

$$T = NT_{jy} \approx Nk \int_0^R \mathrm{d}Y \tag{1-20}$$

上述旋翼拉力的产生，是以机翼翼型空气动力产生的理论为基础，然后导出桨叶和旋翼的拉力，故称为旋翼的机翼理论或叶素理论。同时还可以用作用和反作用定律来阐述旋翼拉力产生的道理，这个理论称为旋翼的动量理论或滑流理论。下面简要介绍旋翼动量理论的内容。

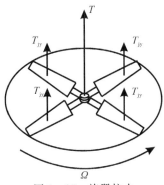

图 1-17　旋翼拉力

旋翼工作时，空气从旋翼的上方被吸下，以速度 v 流进旋翼的旋转面，经过旋翼的拨动，给空气一个向下的作用力，推动空气向下加速运动，流出速度为 $v + \Delta v$，如图 1-18 所示。根据连续性原理，在单位时间内流进和流出旋翼旋转面的空气质量相同，流进旋转面的速度小，所以动量小；流出旋转面的速度大，所以动量大。这种动量的变化是由于旋翼给空气施加了向下的作用力的结果。根据牛顿第三定律可知，空气必然给旋翼一个大小相等、方向相反（即向上）的反作用力——旋翼拉力 T。根据动量定理，旋翼拉力大小可表示为

$$T = m\Delta v_{you} \tag{1-21}$$

式中，m——单位时间流过旋翼旋转面的空气质量；

Δv_{you}——流经旋转面后的速度增量。

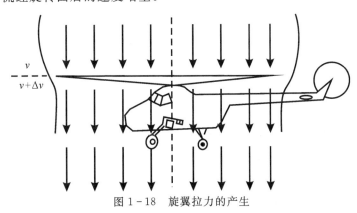

图 1-18　旋翼拉力的产生

由式（1-21）可知，单位时间流经旋翼旋转面的空气质量越多，流经旋转面的速度增量越大，旋翼拉力也越大。

（二）旋翼拉力的大小

前面讲过，旋翼拉力可近似等于旋翼升力。因此类似旋翼升力公式，可以写出旋翼的拉力

公式为

$$T = C_T \cdot \frac{1}{2}\rho\,(\Omega R)^2\pi R^2 \tag{1-22}$$

式中，C_T—— 旋翼拉力系数；

R—— 旋翼半径(m)；

Ω—— 旋翼旋转角速度(rad/s)。

由式(1-22)可知，旋翼拉力(T)与拉力系数(C_T)、桨盘面积(πR^2)、空气密度(ρ)和桨尖速度(ΩR)的二次方成正比。拉力系数 C_T 不但与桨叶的翼型和迎角有关，而且还与旋翼的实度($\sigma = \dfrac{NS_{jy}}{S}$)成正比。

需要指出，直升机接近地面飞行时，地面效应会使旋翼拉力增大。实验和理论分析表明，地面效应的强弱主要与旋翼离地面的高度和飞行速度有关。地面状况不同，地面效应对拉力的影响也不一样。

对于一般矩形桨叶的旋翼，拉力系数可近似表示为

$$C_T = \frac{1}{3}C_{y_7} \tag{1-23}$$

式中，C_{y_7}—— 各桨叶的特性剖面($r=0.7R$)处升力系数的平均值，取决于桨叶翼型和该切面平均迎角的大小。一般情况，旋翼拉力系数 $C_T = 0.01\sim0.02$。

桨叶特性切面平均升力系数 C_{y_7} 与总桨距(φ_7)成正比(在临界迎角范围以内)，因此拉力系数也与总桨距成正比，如图 1-19 所示。

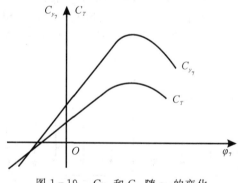

图 1-19　C_{y_7} 和 C_T 随 φ_7 的变化

在实际飞行中，影响旋翼拉力的诸多因素之间不仅相互影响，而且还受空气动力特性、结构强度和发动机功率等条件的限制，因此必须综合分析各种因素对旋翼拉力的影响。

(三)旋翼拉力的方向

旋翼拉力是由各桨叶产生的，当旋翼旋转桨叶向上扬起时 *，桨叶产生的拉力 T_{jy} 也总是向内侧倾斜。因此，可将各桨叶拉力分为与桨叶旋转桨平面(即桨盘)平行和垂直的两个分力(T_{px} 和 T_{cz})，如图 1-20 所示。从图中可以看出，各桨叶平行分力相互平衡，即 $T_{px} = T'_{px}$；垂直分力与旋翼锥体轴方向一致。各桨叶垂直分力的合力，就是旋翼的拉力 T。可见，旋翼拉力的方

---

　　*　桨叶上扬形成锥体时的受力分析见本节后续内容。

向与旋翼锥体轴一致。在轴向气流的情况下,旋翼锥体轴与旋转轴一致,旋翼拉力方向也与旋转轴一致。

　　从图1－20还可以看出,当旋翼因操纵等原因锥体向某一方向倾斜时(图中为向前倾斜),虽然旋翼锥体轴也向前倾斜而与旋转轴不一致,但旋翼拉力随锥体向同一方向倾斜,拉力方向总是与锥体轴的方向大致相同。

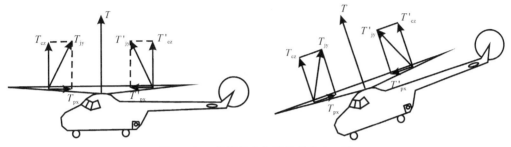

图1－20　旋翼拉力与锥体轴方向一致

　　由上述分析可知:

　　(1)固定翼飞机的机翼产生升力,必须具有一定的前飞速度,造成机翼与空气的相对运动,所以飞机不能停在空中不动,也不能以过小速度飞行。但直升机利用旋翼产生拉力,即使前进速度为零,只要旋翼转动,就有相对气流流过桨叶,就能产生拉力,以平衡直升机的重力。所以,直升机不仅可以飞得很慢,而且可以在空中悬停、垂直升降,甚至倒退。

　　(2)直升机起飞时,只要旋翼的拉力大于重力,就能离地垂直升空;着陆时,也只要通过操纵改变拉力的大小,使拉力小于重力,就能降低高度,垂直降落。

　　(3)直升机要想向预定方向运动,只要操纵旋翼锥体向预定方向倾斜,使旋翼拉力跟着倾斜,以取得向该方向运动的力。如要使直升机前飞(平飞),可操纵旋翼锥体向前倾斜,拉力随之也前倾,如图1－21所示。前倾的拉力T可分解成垂直于水平面的第一分力T_1和在平面内平行于飞行速度的第二分力T_2。T_1平衡直升机的重力以保持高度不变,而T_2就是使直升机前飞的动力。同理,如果飞行员操纵旋翼锥体向左、向右或向后倾斜,也会产生使直升机向这些方向运动的拉力分量,具体操纵过程见第二章第四节。

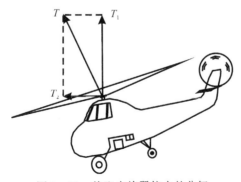

图1－21　前飞中旋翼拉力的分解

三、桨叶的挥舞运动和旋翼锥体的倾斜

　　上述以直升机垂直(或悬停)飞行状态,讨论了旋翼的拉力。事实上垂直(或悬停)飞行和

前飞(平飞或倾斜飞行等)时,旋翼所受到的相对气流作用不尽相同。垂直(或悬停)飞行,相对气流从轴向吹来(旋翼处于轴流状态),桨叶不论旋转到哪一方位,所受到的相对气流作用是一样的。而前飞时,旋翼一面旋转一面前进,相对气流不是从轴向吹来,旋翼处于斜流状态,如图1-22所示,因此出现了旋翼桨叶在不同方位相对气流的不对称现象,由此带来了前飞时横侧不平衡力矩。为使这个不平衡力矩不传至直升机机体,旋翼采用了水平铰,形成了桨叶的挥舞运动,引起旋翼锥体向某一方向的倾斜。下面从旋翼和桨叶的相对气流作用着手,讨论直升机前飞时,因旋翼相对气流不对称引起的桨叶挥舞运动及其锥体倾斜等反映旋翼运动特点的重要问题。

(一)旋翼和桨叶的相对气流

设直升机的飞行速度为 v_0,即速度为 v_0 的来流(未扰动气流)从一定方向吹来。把 v_0 与旋翼构造旋转平面之间的夹角 α_{xy} 定义为旋翼的构造迎角,如图1-6所示。

1. 旋翼的相对气流

把相对气流速度 v_0 分解为沿 Ox_{xy} 轴与沿 Oz_{xy} 轴两个方向的分量,并将它们除以桨尖旋转速度 ΩR ,便获得表征旋翼工作状态的两个重要速度系数。

(1)平行于旋翼构造平面的速度系数——前进比:

$$\mu = \frac{v_0 \cos\alpha_{xy}}{\Omega R} \qquad (1-24)$$

(2)垂直于旋翼构造平面的速度系数——轴向来流系数(流入比):

$$\lambda_0 = \frac{v_0 \sin\alpha_{xy}}{\Omega R} \qquad (1-25)$$

在悬停飞行时, $v_0 = 0$, μ 和 λ_0 均为零, α_{xy} 亦为零;

在垂直下降状态, v_0 自下而上流向旋翼, α_{xy} 和 λ_0 均为正值;反之垂直上升时 α_{xy} 和 λ_0 均为负值。由于 $\alpha_{xy} \approx \pm 90°$,所以 $\mu \approx 0$ 。

在前飞状态, v_0 越大, μ 值越大。迎角 α_{xy} 随飞行状态变化。一般而言, α_{xy} 和 λ_0 只有在下降时才可能为正值。

2. 桨叶的相对气流

在轴流状态,桨叶的周向来流只是由桨叶旋转造成的,因而相对气流方向始终垂直于桨叶,大小分布规律为 Ωr 沿径向呈三角形分布,且各片桨叶相同。

在前飞状态,桨叶旋转平面内增加了前飞相对速度的投影 $v_0\cos\alpha_s - \mu\Omega r$, $\mu\Omega r$ 这一速度分量对不同位置的各片桨叶的影响不同。用 ψ 表示桨叶所在的方位角,并顺旋转方向从旋翼的后方算起($\psi = 0°$)。由图1-22可见,桨叶在 $\psi = 0° \sim 180°$ 的半圆内逆风旋转,称之为前行桨叶;在 $\psi = 180° \sim 360°$ 的半圆内顺风旋转,称之为后行桨叶。

桨叶在旋转平面的相对气流速度应是自身旋转引起的相对速度(Ωr)与随机体前飞相对速度在旋转面投影($v_0\cos\alpha_{xy}$)的矢量和。在方位角 ψ 处的桨叶上,径向位置 r 处的相对气流速度为

$$\left.\begin{array}{l}周向分量 = \Omega r + \mu\Omega R\sin\psi \\ 径向分量 = \mu\Omega R\cos\psi \end{array}\right\} \qquad (1-26)$$

其中,周向分量对于桨叶的空气动力特性(尤其是拉力大小)具有重要的意义,它反映了旋翼空气动力的周期性变化。

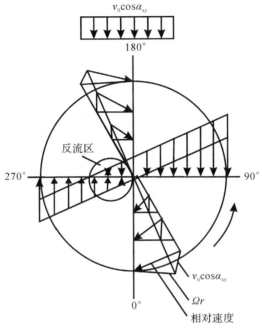

图 1 - 22 桨叶相对气流分布

正是这种周期变化引起直升机前飞($\mu \neq 0$)时,旋翼旋转平面上相对气流的不对称性。如图 1-22 所示,右半部前行桨叶的相对气流比左半部大。直升机的前飞速度越大(μ 越大),旋翼平面上相对气流的不对称程度也越大,这使桨叶上的力和运动变得更为复杂。

(二)旋翼水平铰的作用和桨叶的自然挥舞运动

1.旋翼水平铰的作用

直升机前飞时,旋翼左右两边相对气流的不对称性使旋翼左右两边拉力不等,形成横侧不平衡力矩。对于没有水平铰的直升机来说,桨叶固定在旋转轴上,就会使直升机向一侧倾斜。如图 1-23 所示,右转旋翼在前飞时,右边升力大于左边升力,就会产生向左倾斜的横侧力矩,使直升机向左倾斜。

此外,没有水平铰的旋翼(固接式桨叶),桨叶拉力还会使桨叶根部受到很大的弯矩。当直升机前飞时,因相对气流不对称,引起桨叶拉力发生周期性变化,这不仅使桨叶根部所受的弯矩增大,而且使弯矩发生周期性的变化。这种周期性变化的弯矩,称为交变弯矩。桨叶在交变弯矩作用下,很容易疲劳破坏。为了解决这种问题,直升机一般在桨叶和桨毂轴套之间采用水平铰。

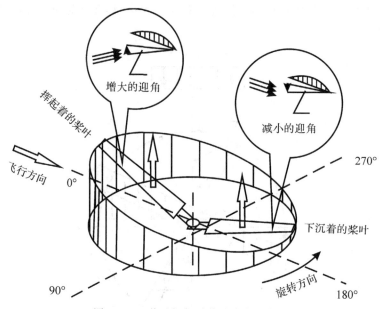

图 1-23　桨叶挥舞时桨叶迎角的变化

　　装有水平铰的旋翼在旋转过程中,当流向桨叶的相对气流周向速度增大引起拉力增大时,桨叶在拉力的作用下可绕水平铰向上挥舞;而当周向速度减小引起拉力减小时,桨叶又可绕水平铰向下挥舞。桨叶上下挥舞时,又出现挥舞相对气流,使桨叶迎角发生改变,从而引起旋翼拉力的重新分布。如前飞时,桨叶在方位 0°～180° 范围内,周向速度均有不同程度的增大,因而拉力增加,使桨叶上挥,便产生了自上而下的挥舞相对气流,这便会使桨叶迎角减小,拉力随之减小。桨叶上挥速度越大,桨叶迎角减小得越多,拉力也减少得越多。反之,在方位 180°～360° 周向速度减小时,由于拉力减小使桨叶下挥,自下而上的挥舞相对气流又使桨叶迎角增大,拉力增大。因此,具有水平铰的桨叶,因周向速度变化使拉力增大,桨叶上挥,迎角减小,拉力随之减小;或使拉力减小,桨叶下挥,迎角增大,拉力随之增大。周向速度对拉力的影响,与桨叶挥舞时迎角改变对拉力的影响正好相反,结果可大致保持桨叶拉力不变。

　　综上所述,桨叶的水平铰有两个作用:第一,通过桨叶挥舞引起桨叶迎角的改变,使桨叶拉力大致保持不变,进而有效地减轻旋翼拉力不对称,消除横侧不平衡力矩。第二,因水平铰不能传递桨叶挥舞面内的弯矩,从而使桨叶拉力形成的弯矩在水平铰变为零。因此,采用水平铰能有效地减轻桨叶的周期受力,减轻桨叶的疲劳。

　　2.桨叶的自然挥舞运动

　　桨叶安装了水平铰之后,旋翼在旋转过程中,桨叶在拉力的作用下可以向上运动(拉力增大),也可以向下运动(拉力减小),把旋翼旋转中桨叶上下运动称为桨叶的挥舞。通常把不是因操纵而引起的桨叶挥舞运动,叫作桨叶的自然挥舞。下面讨论的桨叶挥舞运动就是指桨叶的自然挥舞。

　　(1)直升机垂直飞行时桨叶的挥舞运动。旋翼不旋转时,桨叶在本身重力的作用下自然下垂,即桨叶重力与桨叶结构弹性力相互平衡。当直升机在无风悬停、垂直上升和地面试车时,每片桨叶受到的作用力除桨叶自身重力(G_{jy})外,还有桨叶拉力(T_{jy})和惯性离心力(F_{lx})。如

图 1-24 所示,桨叶重力 G_{jy} 垂直于地面,它对水平铰形成的力矩使桨叶下垂;桨叶拉力 T_{jy} 的方向垂直于桨叶轴线,它对水平铰构成的力矩使桨叶抬起;惯性离心力 F_{lx} 作用在桨叶的重心上,其作用方向垂直于旋转轴向外,它对水平铰形成的力矩力图保持桨叶作水平旋转(实际上是桨毂旋转平面)。由于桨叶拉力比重力大得多,$T_{jy} \approx (10 \sim 15)G_{jy}$,所以桨叶在这三个力矩的作用下,会平衡在向上扬起的某一位置上,即拉力形成的上扬力矩等于重力和惯性离心力形成的下挥力矩之和。因此,旋翼旋转时,会形成一个倒立的锥体,桨叶自桨毂旋转平面扬起的角度(即桨毂旋转平面与旋翼锥体侧面所夹的角度)叫锥角,用 β_0 表示。由于 F_{lx} 较大,所以锥角实际上并不大,约有 $3° \sim 10°$。

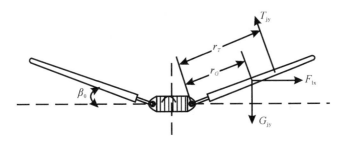

图 1-24　旋翼旋转时桨叶的受力与旋翼锥体

　　在垂直飞行状态,由于桨叶周向气流是对称的,故每片桨叶在旋转一周中,拉力和惯性离心力不变,向上挥舞也是均匀的,即锥角相同。此时,旋翼锥角与桨叶挥舞角相等。旋翼的这种挥舞形式,又称为均匀挥舞。

　　在旋翼转速一定时,旋翼桨叶拉力越大,旋翼锥角也就越大。因此,锥角大小实质上表征了拉力的大小,可由力矩平衡关系近似求得。

　　(2)直升机前飞时桨叶的挥舞运动。直升机垂直飞行时,流向旋翼的周向相对气流左右对称,桨叶产生均匀挥舞,桨叶的挥舞角就是旋翼的锥体角。当直升机前飞时,流向旋翼的周向气流不对称,就会引起桨叶在不同方位的挥舞运动不同,旋翼锥体也随之发生倾斜。这时,由于桨叶的挥舞速度与挥舞高度取决于相对气流速度的增量,随桨叶位置而变化。下面以桨叶空气动力的具体情况分析说明前飞时旋翼桨叶挥舞运动的特点和规律。

　　桨叶相对气流速度的周向分量是影响桨叶空气动力变化的有效速度,由式(1-26)可见,$\mu \neq 0$ 时,它随桨叶方位 ψ 周期变化。由 $0° \sim 90°$ 位置,相对气流速度的增量逐渐增大,这使桨叶向上挥舞的速度也越来越快。在 $90°$ 位置,桨叶相对气流速度的增量最大,桨叶上挥速度也增至最快。由 $90° \sim 180°$ 位置,相对气流速度增量虽逐渐减小,但桨叶利用其上挥中积累的动能,仍能继续上挥,只是上挥速度逐渐减慢。桨叶转至 $180°$ 位置,相对气流速度的增量减小为零,桨叶上挥的速度也随之减小为零。此时,桨叶上挥至最高点,不再继续上挥。可见,桨叶上挥速度最快和挥舞最高不在同一方位,挥舞最高要比上挥速度最快滞后 $90°$ 位置。由 $180° \sim 270°$ 位置,相对气流速度逐渐减小,桨叶是向下挥舞的。桨叶在 $270°$ 位置的相对气流速度较 $180°$ 处减小得最多,故桨叶下挥得最快。由 $270° \sim 360°$ 位置,桨叶下挥速度又逐渐减慢。转至 $360°$ 位置(即 $0°$ 位置)时,桨叶下挥的速度减小为零,挥舞的位置最低。

　　总之,直升机前飞时,旋翼由于左右气流的不对称所产生的桨叶挥舞运动,对右旋旋翼来说,在 0°位置挥舞得最低,180°位置挥舞得最高。这使得旋翼的锥体向后倾斜一个角度。前飞速度越大,旋翼相对气流不对称性越严重,旋翼锥体向后倾斜也越厉害。

(三)旋翼垂直铰的作用与桨叶的挥舞运动

采用水平铰解决了前飞时因拉力不对称所产生的横侧不平衡力矩。前飞时,桨叶挥舞,桨叶重心距旋翼轴的距离不断变化。如图 1-25 所示,桨叶重心对旋翼轴有相对运动,这会出现哥氏加速度。桨叶向上挥舞时,旋转角速度增大,向下挥舞时,旋转角速度减小。由图 1-26 可以看出,如果桨叶在起始位置(挥舞前)沿 β_0 锥角所形成的锥体旋转,桨叶重心绘出以 R_0 为半径的圆,桨叶旋转时有动能 E,然后桨叶向上挥舞并沿 β_1 锥角所形成的锥体旋转。这时桨叶重心位于 A_1 点并沿半径为 $R_1 = R_0 - \Delta R$ 的圆旋转。

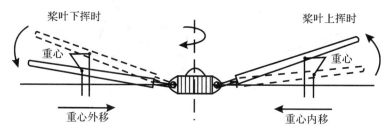

图 1-25 桨叶挥舞时重心距离的变化

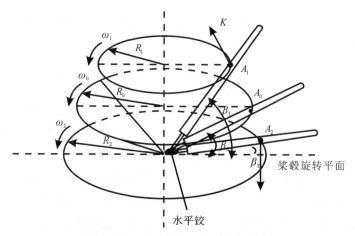

图 1-26 桨叶挥舞产生哥氏加速度

由于动能 $E = m\omega^2 r^2/2$,如果旋转半径减小,动能也应减小。但根据能量守恒定律,桨叶在新位置上(β_1 和 R_1 条件下)的旋转动能应与挥舞前相同,即 $\omega_1^2 R_1^2 = \omega_0^2 R_0^2$。因此重心对应的旋转半径减小必然要使角速度增加,这是由于哥氏力引起的。同理,在桨叶向下挥舞时,其角速度要下降。由于桨叶的挥舞速度(包括大小和方向)是不断变化的,作用在桨叶上的哥氏力也是交变的。这从另一方面说明了设置垂直铰的必要性。桨叶在哥氏力的作用下,会产生前后摆动,如图 1-27 所示。一般直升机旋翼前后摆振的振幅不大,约在 ±2°以内。

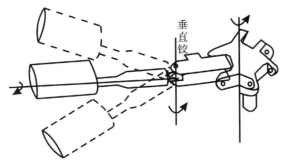

图 1 - 27　垂直铰的作用

旋翼摆振运动对气动力的影响不大,不再讨论。

复习思考题

1. 解释名词:流场、流线、流管、定常流动。

2. 推导低速不可压流场的连续方程和伯努利方程。

3. 简述直升机水平铰、垂直铰和轴向铰的作用。

4. 理解旋翼和桨叶的基本参数及其之间的相互关系。

5. 理解翼型升力的产生机理,并写出其表达式。

6. 翼型升力系数 $C_{Y_{yx}}$ 与迎角 α 的关系是怎样的?

7. 作用于旋翼上的气动力有哪些?

8. 旋翼拉力是如何产生的? 其大小与哪些因素有关?

9. 分析旋翼水平铰克服横侧不平衡力矩的作用机理。

10. 简述直升机垂直飞行和前飞时桨叶挥舞运动的特点和规律。

11. 理解水平铰和垂直铰对桨叶运动特性的影响。

12. 思考并阐述直升机垂直升降与前飞两种飞行状态下,桨叶挥舞运动的异同。

第二章 单旋翼直升机的动力学方程

第一节 坐标系与运动参数

一、坐标系

描述直升机的运动状态必须选定适当的坐标系。例如,要描述直升机的地理位置,必须采用地面坐标系;要描述直升机的运动(转动和平动),必须采用机体坐标系或气流坐标系。当然,还有其他坐标系,它们相互间存在着一定的转换关系。这里主要介绍建立直升机动力学方程常用的三种直角坐标系。

(一)地面坐标系(地轴系)

地面坐标系与地球固连,如图 2-1 所示,坐标原点 O 在地面或海平面上的某定点,或在直升机起飞前所处的位置上;竖轴 Oz_0 沿垂线,向下为正;纵轴 Ox_0 过原点,垂直于 Oz_0,指向应飞航线为正;横轴 Oy_0 过原点,与 $x_0 Oz_0$ 平面垂直,指向应飞航线的右方为正。

(二)机体坐标系(体轴系)

机体坐标系与机体固连,如图 2-2 所示。原点设在直升机重心上,纵轴 Ox 在直升机对称面内,通过重心,平行于机身轴向,指向机头方向为正;竖轴 Oz 通过重心,与桨毂轴平行,指向下方为正;横轴 Oy 与 xOz 平面垂直,并通过直升机重心,对左旋旋翼,按左手定则,以指向左方为正,若是右旋旋翼,则按右手定则,以指向右方为正。图 2-2 是按右手定则确定三轴正向的。

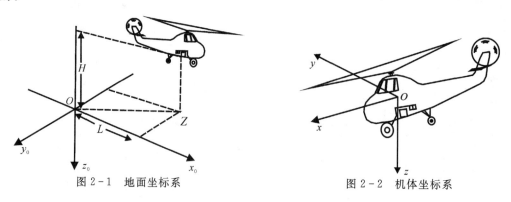

图 2-1 地面坐标系   图 2-2 机体坐标系

(三)速度坐标系

速度坐标系也叫气流坐标系,如图 2-3 所示。其原点设在直升机重心上,Ox_a 轴与空速向量一致,过原点指向飞行方向为正;Oz_a 轴在直升机对称面内,垂直于 Ox_a 轴,过原点指向下方为正;Oy_a 轴垂直于 x_aOz_a 平面,过原点指向机体右方为正。

(四) 旋翼坐标系

这是直升机特有的一种坐标系,用于建立作用在旋翼上的气动力与操纵角的关系。通常以此坐标计算旋翼上的气动力,而后再将气动力变换到机体坐标系,以研究直升机的平衡与操纵。

分析和描述直升机旋翼和尾桨运动特性时,还常用旋翼坐标系和尾桨坐标系。

旋翼坐标系可分为旋翼构造、旋翼操纵、旋翼锥体和旋翼等效等四个坐标系,以后具体使用时再作介绍。

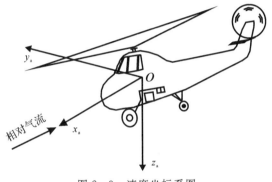

图 2 - 3　速度坐标系图

二、直升机的运动参数

直升机的运动参数可由坐标系之间的关系来描述。

(一)体轴系与地轴系之间的关系

(1) 偏航角 ψ。纵轴 Ox 在水平面上的投影与 Ox_0(应飞航向)间的夹角,如图 2-4 所示,机头右偏航为正。

(2) 俯仰角 θ。纵轴 Ox 与地面的夹角,如图 2-4 所示,抬头为正。

(3) 倾斜角(滚转角)ϕ。竖轴 Oz 与纵轴 Ox 所在铅垂面的夹角,如图 2-5 所示,机体右倾为正。

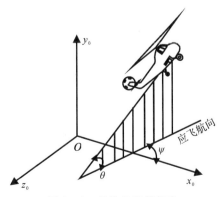

图 2 - 4　偏航角和俯仰角

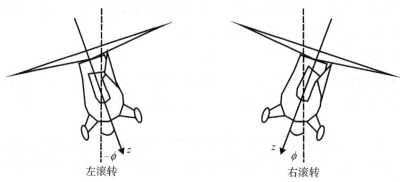

左滚转 　　　　　　　　　右滚转

图 2-5　滚转角

(二)速度向量与体轴系的关系

(1)迎角(机身迎角)α。空速向量 v_k 在机体对称平面 xOy 的投影 Ox_b 与纵轴 Ox 的夹角,如图 2-6 所示,纵轴在上为正。

(2)侧滑角 β。空速向量 v_k 与机体对称平面 xOz 的夹角,如图 2-6 所示,空速向量 v_k 在对称面右边为正。

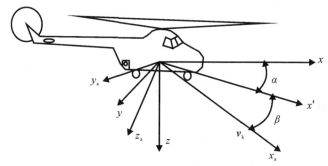

图 2-6　迎角与侧滑角

(三)描述机体运动方向的参数

(1)爬升角 γ。空速向量 v_k 与地平面的夹角,如图 2-7 所示,v_k 在地平面上方(爬高)为正。

(2)航迹偏转角 χ。空速向量 v_k 在地平面的投影(见图 2-7 中 v'_k)与应飞航线(Ox_0)的夹角,如图 2-7 所示,v_k 在 Ox_0 右边时为正。

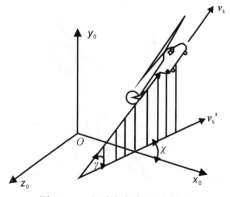

图 2-7　爬升角与航迹偏转角

空速向量 v_k 的方向,就是 Ox_a 方向。综上所述,ψ、θ 和 ϕ 反映了体轴系与地轴系的相对位置关系;α 和 β 反映了体轴系与速度坐标系的关系;γ 和 χ 反映了地轴系与速度坐标系的关系。

三、直升机运动的自由度

直升机的运动有 6 个自由度:①前后(进退运动);②上下(升降运动);③左右(侧向移动);④俯仰运动;⑤偏航运动;⑥滚转运动。前 3 个反映了机体的重心运动——线运动;后 3 个反映了绕重心的转动——角运动。

四、直升机的操纵机构参数

直升机的运动具有 6 个自由度,非常复杂,只有使操纵机构正确动作,才能完成预定的飞行任务。因此,明确操纵机构的偏转极性及其所产生的力矩极性,对自动控制飞行状态的分析是非常重要的。

直升机的运动一般是利用自动倾斜器、总距和尾桨桨距进行控制的。单旋翼直升机按下述 4 项操纵保持和改变飞行状态:

(1) 纵向操纵 —— 旋翼纵向周期变距操纵 δ_e 或纵向驾驶杆位移 d_e;

(2) 横向操纵 —— 旋翼横向周期变距操纵 δ_a 或横向驾驶杆位移 d_a;

(3) 总距操纵 —— 旋翼指示总距操纵 δ_c 或总距杆位移 d_c*;

(4) 航向操纵 —— 尾桨桨距操纵 δ_r 或脚蹬位移 d_r。

上述 4 项操纵极性对其产生的力矩极性有密切的关系,对分析直升机运动至关重要。通常规定操纵机构驱动主桨或尾桨桨距机构的极性:①驾驶杆后拉为正;②驾驶杆右偏为正;③右脚蹬前移为正;④总距上提为正。

第二节　作用在直升机上的力和力矩

作用在直升机上的力和力矩,是分析直升机运动特性的依据,主要有旋翼、尾桨、平尾和机身等与空气相对运动所产生的气动力,及其对直升机重心所形成的力矩和桨毂的附加力矩。

一、旋翼的气动力和力矩

直升机在飞行中,旋翼产生的气动力和力矩为旋翼拉力 T、后向力 H_S、侧向力 S_S 及其对直升机重心所形成的气动力矩和反作用力矩(反扭力矩)M_{xynz},如图 2-8 所示。

各气动力的合力沿机体轴的分量可表示为

$$F_{x_{xy}} = T\sin\varepsilon - H_S\cos\varepsilon$$
$$F_{z_{xy}} = -T\cos\varepsilon$$
$$F_{y_{xy}} = S_S - T\sin\eta$$

式中,ε —— 自动倾斜器纵向偏转角;

η —— 自动倾斜器横向偏转角(左偏为正)。

---

* 总距操纵有时与纵向、横向、航向操纵或活动式平尾安装角联动。

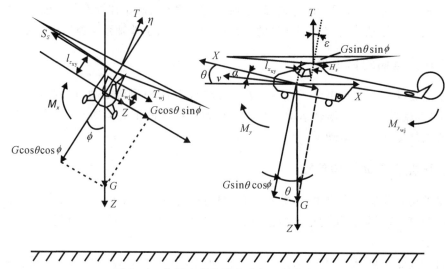

图 2-8 作用在单旋翼直升机上的力和力矩

二、尾桨的气动力和力矩

尾桨的结构与旋翼相似,只是没有垂直铰和自动倾斜器。所以,尾桨实际上是一个无周期变矩、构造旋转平面与机体对称面平行的小旋翼。尾桨空气动力的产生原理和分析计算方法与旋翼一样。

尾桨的拉力 T_{wj} 可表示为

$$T_{wj} = C_{T_{wj}} \cdot \frac{1}{2}\rho \ (R_{wj}\Omega_{wj})^2 \pi R_{wj}{}^2 \tag{2-1}$$

式中,R_{wj}——尾桨桨叶半径;

$\qquad \Omega_{wj}$——尾桨桨叶旋转角速度;

$\qquad C_{T_{wj}}$——尾桨拉力系数。在尾桨结构、转速和飞行状态一定时,尾桨拉力系数与尾桨桨矩成正比。

尾桨的阻转力矩 M_{wjnz} 近似地与旋翼阻转力矩成正比:

$$M_{wjnz} \approx K_{wj}M_{xynz} \tag{2-2}$$

式中,K_{wj}——尾桨阻转力矩系数。

上述尾桨空气动力计算采用的是尾桨坐标系,分析机体的动力学问题需要进行坐标系变换。

为确定尾桨各力的指向,避免因尾桨旋转方向的不同而修正公式,规定尾桨拉力 T_{wj} 与 Oy 轴一致为正,阻转力矩抬头为正。

三、平尾的气动力和力矩

直升机的平尾又称水平安定面。单旋翼直升机的平尾,一般位于尾梁的后段。平尾翼弦与机体纵轴的夹角称做平尾的安装角(φ_{pw})。有的直升机的平尾是固定的,有的则可操纵(一般与油门变距杆或驾驶杆联动)。

如图 2-9 所示,直升机平尾升力 Y_{pw} 和阻力 X_{pw} 的产生原理与桨叶一样,并可表示为

$$
\left.
\begin{aligned}
Y_{pw} &= C_{Y_{pw}} \cdot \frac{1}{2} \rho v_{pw}^2 S_{pw} \\
X_{pw} &= C_{X_{pw}} \cdot \frac{1}{2} \rho v_{pw}^2 S_{pw}
\end{aligned}
\right\}
\qquad (2-3)
$$

式中，v_{pw}——平尾处相对气流速度；

$\quad$ S_{pw}——平尾面积；

$\quad$ $C_{Y_{pw}}$——平尾升力系数；

$\quad$ $C_{X_{pw}}$——平尾阻力系数。

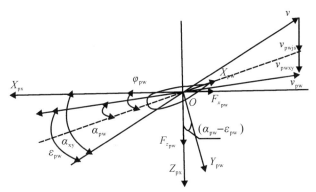

图 2-9 平尾的迎角和受力分析

平尾的升力与阻力系数同样与平尾的迎角 α_{pw} 有关，由风洞试验确定。平尾迎角 α_{pw} 受旋翼和机身洗流影响较大，可表示为

$$
\alpha_{pw} = \varphi_{pw} - \alpha_{xy} + \varepsilon_{pw} \qquad (2-4)
$$

式中，α_{xy}——机体运动的速度方向与平尾合成空速方向的夹角；

$\quad$ ε_{pw}——平尾处的下洗角。

若忽略因机体滚转所产生的附加影响，则平尾升力和阻力相对于机体轴的力和力矩可表示为

$$
\left.
\begin{aligned}
F_{x_{pw}} &= - Y_{pw} \sin(\alpha_{xy} - \varepsilon_{pw}) - X_{pw} \cos(\alpha_{xy} - \varepsilon_{pw}) \\
F_{z_{pw}} &= - Y_{pw} \cos(\alpha_{xy} - \varepsilon_{pw}) + X_{pw} \sin(\alpha_{xy} - \varepsilon_{pw}) \\
M_{y_{pw}} &= - F_{y_{pw}} l_{x_{pw}} + F_{x_{pw}} l_{z_{pw}}
\end{aligned}
\right\}
\qquad (2-5)
$$

式中，$l_{x_{pw}}$ 和 $l_{y_{pw}}$——分别为 $F_{x_{pw}}$ 和 $F_{y_{pw}}$ 对直升机重心的力臂。

平尾气动力侧向分量，以及绕 Ox、Oy 轴形成的力矩都比较小，则有

$$
M_{x_{pw}} \approx M_{z_{pw}} \approx 0
$$
$$
F_{y_{pw}} \approx 0
$$

四、机身的气动力和力矩

除旋翼、平尾和尾桨外，所余部分统称为机身。机身的气动力和力矩按右手速度轴系用机身模型由风洞试验确定，并以无因次系数的形式给出。按试验结果所给出的机身相对机体坐标系的气动力和力矩为

$$F_{x_{js}} = -C_{x_{js}} \cdot \frac{1}{2}\rho v^2 S_{js}$$

$$F_{z_{js}} = -C_{z_{js}} \cdot \frac{1}{2}\rho v^2 S_{js}$$

$$F_{y_{js}} = C_{y_{js}} \cdot \frac{1}{2}\rho v^2 S_{js}$$

$$M_{x_{js}} = m_{x_{js}} \cdot \frac{1}{2}\rho v^2 S_{js}L_{js} + \Delta M_x$$

$$M_{z_{js}} = m_{z_{js}} \cdot \frac{1}{2}\rho v^2 S_{js}L_{js} + \Delta M_z$$

$$M_{y_{js}} = m_{y_{js}} \cdot \frac{1}{2}\rho v^2 S_{js}L_{js} + \Delta M_y$$

$$(2-6)$$

式中，$C_{x_{js}}$、$C_{y_{js}}$、$C_{z_{js}}$ —— 分别为机身的纵向力系数、侧向力系数和法向力系数；

$\quad\quad m_{x_{js}}$、$m_{y_{js}}$、$m_{z_{js}}$ —— 分别为机身对实验重心的滚转力矩系数、偏航力矩系数和俯仰力矩系数；

$\quad\quad S_{js}$ —— 机身的最大迎风面积；

$\quad\quad L_{js}$ —— 机身长度；

$\quad\quad \Delta M_x$、ΔM_y、ΔM_z —— 分别为绕相应机体轴的修正力矩。

若未考虑旋翼下洗引起的附加俯仰力矩 $M_{z_{js}}$，作用在直升机上的力和力矩为

$$F_x = F_{x_{xy}} + F_{x_{wj}} + F_{x_{pw}} + F_{x_{js}} + F_{x_G}$$

$$F_y = F_{y_{xy}} + F_{y_{wj}} + F_{y_{pw}} + F_{y_{js}} + F_{y_G}$$

$$F_z = F_{z_{xy}} + F_{z_{wj}} + F_{z_{pw}} + F_{z_{js}} + F_{z_G}$$

$$M_x = M_{x_{xy}} + M_{x_{wj}} + M_{x_{pw}} + M_{x_{js}}$$

$$M_y = M_{y_{xy}} + M_{y_{wj}} + M_{y_{pw}} + M_{y_{js}}$$

$$M_z = M_{z_{xy}} + M_{z_{wj}} + M_{z_{pw}} + M_{z_{js}}$$

$$(2-7)$$

式中，F_{x_G}、F_{y_G}、F_{z_G} —— 为直升机有俯仰、倾斜时，重力在机体轴上的分量，其中

$$F_{x_G} = -G\sin\theta$$

$$F_{z_G} = G\cos\theta\cos\phi$$

$$F_{y_G} = G\cos\theta\sin\phi$$

$$(2-8)$$

由于机体坐标系的原点与直升机重心重合，所以 $M_G = 0$。

第三节　直升机的平衡、稳定性和操纵性

直升机的平衡、稳定性和操纵性是直升机的重要性能之一，反映了直升机保持或改变飞行状态的特性。

一、直升机的平衡

飞行速度大小和方向都保持不变的飞行状态，称为直升机的平衡状态。保持直升机平衡的条件是，作用在直升机上的合力和对重心的合力矩均为零。为研究方便，常把直升机的平衡分

为俯仰平衡(绕横轴 Oy)、方向平衡(绕竖轴 Oz)和横侧平衡(绕纵轴 Ox),并以机体坐标系建立平衡方程。

纵向平衡方程为

$$\left.\begin{array}{l} F_x = F_{x_{xy}} + F_{x_{wj}} + F_{x_{pw}} + F_{x_{js}} - G\sin\theta = 0 \\ F_z = F_{z_{xy}} + F_{z_{wj}} + F_{z_{pw}} + F_{z_{js}} + G\cos\theta\cos\phi = 0 \\ M_y = M_{y_{xy}} + M_{y_{wj}} + M_{y_{pw}} + M_{y_{js}} = 0 \end{array}\right\} \qquad (2-9)$$

横向平衡方程为

$$\left.\begin{array}{l} F_y = F_{y_{xy}} + F_{y_{wj}} + F_{y_{pw}} + F_{y_{js}} + G\cos\theta\sin\phi = 0 \\ M_z = M_{z_{xy}} + M_{z_{wj}} + M_{z_{pw}} + M_{z_{js}} = 0 \\ M_x = M_{x_{xy}} + M_{x_{wj}} + M_{x_{pw}} + M_{x_{js}} = 0 \end{array}\right\} \qquad (2-10)$$

直升机的飞行状态不同,作用在直升机上的力和力矩也不相同。因此仅分析悬停和平飞时直升机的平衡问题,明确保持平衡时直升机的姿态和各操纵机构的操纵量及影响平衡的因素。

(一)直升机悬停时的平衡

直升机保持高度不变,速度为零,位置不变且不绕各轴转动的飞行状态称为悬停。

将各部分的力和力矩表达式分别代入式(2-9)和式(2-10),略去小量,可得到简化后的平衡方程。

悬停时,作用在直升机上的力和力矩有旋翼拉力(T)、直升机重力(G)、尾桨拉力(T_{wj})和水平安定面升力(Y_{pw}),以及这些力对直升机重心所形成的力矩和旋翼的反作用力矩等。

直升机能否保持悬停状态,由上述各力和力矩的平衡所决定。如果力平衡,直升机就不会向前后、左右、上下移位;力矩平衡,直升机就不会绕其重心作俯仰、横侧和方向转动。这样,直升机就能保持悬停状态。

1. 保持俯仰平衡和前后不移位的条件

俯仰平衡,是指直升机绕其横轴 Oy 转动的合力矩为零。

直升机旋翼拉力的作用线一般位于直升机重心之后,对重心形成使直升机低头的下俯力矩。平尾升力对重心所形成的力矩,是使直升机抬头的上仰力矩。当上仰力矩大于下俯力矩时,直升机上仰,反之则下俯。所以,要使直升机取得俯仰平衡,必须使上仰力矩等于下俯力矩(见图2-10),即

$$Y_{pw} l_{x_{pw}} = T l_{x_{xy}} \qquad (2-11)$$

式中, $l_{x_{pw}}$ ——平尾升力作用线至直升机重心的距离;

$l_{x_{xy}}$ ——旋翼拉力作用线至直升机重心的距离。

为使直升机不前后移位,旋翼拉力方向不能向前后倾斜,即旋翼拉力纵向水平分量(T_{sp})应为零。但是,由于单旋翼直升机的旋翼轴大都有一定的前倾角,所以为使 T_{sp} 等于零,应适当后拉驾驶杆,才能保证直升机不出现前后移位。有的直升机悬停中机头上抬较高,就是这个原因。

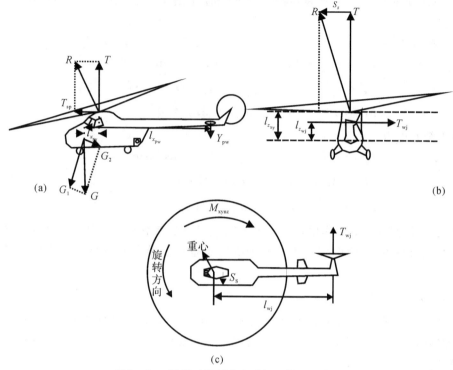

图 2-10　悬停时作用在直升机上的力和力矩

2. 保持方向平衡的条件

方向平衡,是指直升机绕其竖轴 Oz 转动的合力矩为零。

作用于直升机的偏转力矩,主要有旋翼的反作用力矩和尾桨拉力产生的偏转力矩。

由第一章分析已知,旋翼工作时,产生拉力的同时,还会受到一个旋转阻力矩的作用。因此,为保证旋翼稳定旋转,发动机必须付出一定的扭矩通过旋翼轴来带动旋翼旋转,这时旋翼的反作用力矩通过发动机传到机身上,使直升机向旋翼旋转的反方向偏转。为保证不因旋翼的反作用力矩而使机头偏转,单旋翼直升机通常在尾部装有尾桨,以产生侧向拉力(尾桨拉力),对重心形成力矩以平衡旋翼的反作用力矩。当尾桨的力矩与旋翼的反作用力矩平衡时,机头就不会向左右偏转。因此,若忽略旋翼拉力侧向分量等因素的影响,直升机保持方向平衡的条件为

$$T_{wj} l_{wj} = M_{xynz} \tag{2-12}$$

悬停中,当提、放油门变距杆或调整油门环时,旋翼反作用力矩都会发生变化。此时,必须用脚蹬来调整尾桨偏转力矩的大小,以保持方向平衡。例如,对某右旋旋翼直升机,上提油门变距杆时,旋翼的反作用力矩加大,必须蹬右脚蹬增大尾桨的桨叶角,使偏转力矩相应增大,才能保持方向平衡。反之,下放油门变距杆时,应该相应地蹬左脚蹬,才能够保持方向平衡。

3. 保持横侧平衡和左右不移位的条件

因构造需要,尾桨安装位置与机体重心不在同一水平线,使尾桨拉力对直升机的重心除产生偏转力矩外,还产生一个(向右的)滚转力矩($T_{wj} l_{z_{wj}}$),使直升机(向右)滚转。为保持横侧平

衡,悬停时应使旋翼锥体和拉力(向左)倾斜一个角度,利用旋翼拉力的侧向分力(S_S)对直升机重心所形成的(向左)滚转力矩($S_S l_{z_{wj}}$),来使直升机取得横侧平衡(见图 2-10)。因此,直升机保持横侧平衡的条件为

$$T_{wj} l_{z_{wj}} = S_S l_{z_{xy}} \qquad (2-13)$$

式中,T_{wj}——尾桨拉力;

$\quad l_{z_{wj}}$——尾桨拉力至直升机重心所在平面的垂直距离;

$\quad S_S$——旋翼拉力的侧向分力;

$\quad l_{z_{xy}}$——旋翼拉力的侧向分力对直升机重心的力臂。

为了保证在悬停中当横侧力矩平衡时,横侧力也能得到平衡,机体往往微小倾斜,以利用其重力沿 S_S 方向的分力 G_r,使侧向力取得平衡,即

$$T_{wj} = S_S + G_r \qquad (2-14)$$

4. 保持高度不变的条件

为保持悬停高度不变,应使旋翼拉力的铅垂分力与直升机重力相平衡。

悬停中,由于姿态角很小,保持高度的条件可近似表示为

$$T = G \qquad (2-15)$$

归纳起来,悬停时直升机上各作用力的相互关系是

$$\left.\begin{array}{l} \text{保持高度不变 } T = G \\ \text{保持前后不移位 } T_x = 0 \\ \text{保持侧向不移位 } T_{wj} = S_S + G_r \end{array}\right\} \qquad (2-16)$$

各力矩的相互关系是

$$\left.\begin{array}{l} \text{保持俯仰平衡} \quad Y_{pw} l_{x_{pw}} = T l_{x_{xy}} \\ \text{保持方向平衡} \quad T_{wj} l_{x_{wj}} = M_{xynz} \\ \text{保持横侧平衡} \quad T_{wj} l_{z_{wj}} = S_S l_{z_{xy}} \end{array}\right\} \qquad (2-17)$$

必须指出,上述各力和力矩的平衡条件,彼此之间不是孤立的,而是互相联系、互相影响的。因此,为了保持机体的平衡状态,要注意操纵动作的协调。

(二)直升机平飞时的平衡

直升机作水平、等速直线的飞行状态称为平飞。平飞时,作用在直升机上的力有旋翼拉力、直升机重力、空气阻力、尾桨拉力等。这些力大都不通过直升机重心,会形成各种力矩。

由图 2-11 可见,平飞中,旋翼拉力除用来克服直升机重力,保持水平飞行外,尚需用来克服尾桨拉力和机身、起落架等所产生的空气阻力(X),以保持直线、等速飞行。因此直升机保持平飞时,力的平衡条件为

$$\left.\begin{array}{l} \text{保持飞行高度不变 } T_z = G \\ \text{保持飞行速度不变 } T_x = X \\ \text{保持直线飞行} \quad\quad S_S = T_{wj} \end{array}\right\} \qquad (2-18)$$

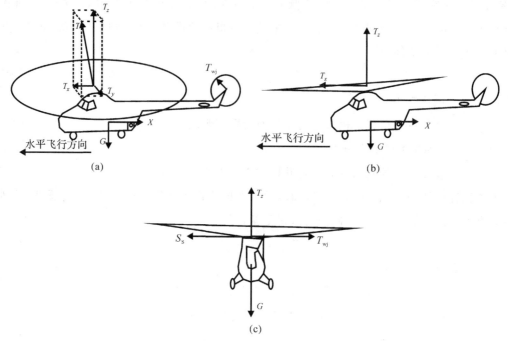

图 2-11　平飞时作用力的平衡

　　和悬停时一样,平飞时除应保持上述各力的平衡之外,作用于直升机的各力对重心的力矩也应取得平衡。关于力矩平衡的分析,与悬停情况类同,不再重复。

(三)影响平衡的因素

1.重心

重心位置后移,旋翼拉力作用线至重心的距离和平尾升力至重心的距离都将缩短同一数值。但由于后者比前者大很多,其减少的百分比也就小得多。故直升机下俯力矩减少得多,上仰力矩减少得少,使直升机上仰;同时,由于重心后移,尾翼拉力至重心的距离减小,形成的力矩减小,会引起直升机航向右偏转。

同理,重心位置前移,直升机低头,航向左偏转。

如果重心位置左右发生移动,将影响直升机的横侧平衡。

2.质量

直升机质量增大,为保持悬停需要的旋翼拉力增大,在旋翼转速一定时,必须使旋翼总桨距增大。旋翼拉力增大,拉力对重心的俯仰力矩增大(重心在旋翼转轴前,下俯力矩增大;在后,上仰力矩增大),同时旋翼反作用力矩也随之增大,将使直升机沿 M_{xynz} 的方向旋转。为保持直升机的平衡,须加大推(拉)杆量,增大蹬舵量和压杆量。同理,质量减小,情况相反。

3.高度

高度升高,由于空气密度减小,在旋翼转速一定时,旋翼拉力 T 减小,为保持旋翼拉力等于直升机的重力,须增大旋翼的总桨距,其对直升机平衡的影响如同质量增大;同理,高度降低,空气密度增大,其对平衡的影响同质量减小一样。

二、直升机的稳定性与操纵性

(一)关于稳定性和操纵性的概念

飞行运动可分为基准运动和扰动运动。基准运动(也称未扰运动)是指各运动参数完全按预定规律变化的运动。扰动运动是指由于受外干扰而偏离基准运动的运动。直升机的外干扰可能来自大气的扰动、发动机推力的变化或驾驶员的偶然操纵等。在外干扰作用停止之后,至少在某一段时间内,直升机不按基准运动的规律运动,而是按扰动运动的规律运动。经过一些时间,若直升机能从扰动运动恢复到基准运动,则称基准运动是稳定的。若扰动运动越来越离开基准运动,则称基准运动是不稳定的。若扰动运动既不恢复也不远离基准运动,则称基准运动是中立稳定的。这样的定义是运动稳定性的定义,也称为动稳定性。动稳定性是研究直升机受扰后的运动全过程。直升机的动稳定性通常不太理想。

静稳定性是指在外干扰停止作用后的初始反应。如干扰消除后靠直升机本身的气动特性(无操纵)而有恢复、远离,或既不恢复也不远离平衡位置的趋势,则分别称为静稳定、静不稳定和静中立稳定。

操纵性与稳定性既相互区别又相互关联。操纵性研究为实现某一飞行状态应该怎样操纵,操纵力是否适度,直升机对操纵响应的快慢,以及易于操纵的条件等问题。

稳定性和操纵性取决于直升机的气动特性和结构参数(如质量的大小、转动惯量等),反映了直升机的动力学性能。飞行控制系统可在一定程度上改善直升机的动力学性能。

(二)直升机的静稳定性

下面按纵向、航向和横向三方面,从物理概念上分析直升机的静稳定性。

1. 纵向静稳定性

直升机纵向静稳定性常分为速度静稳定性和迎角静稳定性两种情况。

(1)迎角 α 保持不变,由于飞行速度变化 Δv_k 而引起的静稳定性。直升机在偶然受到干扰后,速度发生改变,如能出现新的附加力矩,使之自动趋于恢复原来速度,则称直升机按速度是静稳定的;反之,按速度是静不稳定的。

直升机按速度的静稳定力矩来源于旋翼,如图 2-12 所示,图中虚线表示原来平衡状态。直升机前飞,当飞行速度增加时,桨叶周向来流左右不对称性增加,由于周期挥舞增大而使叶尖平面后倒加剧,使旋翼的气动合力 R 对重心产生附加抬头力矩,进而减小前飞速度。同理,当飞行速度减小时,旋翼产生附加低头力矩,有增加前飞速度的趋势,因此旋翼按速度是静稳定的。悬停状态的直升机在受扰后,如果有了向前的速度增量,出现周期挥舞,叶尖平面后倒,那么旋翼气动合力 R 对直升机重心产生附加抬头力矩,抬头力矩企图减弱此向前的速度增量。同理,如果有了向后的速度增量,旋翼会产生附加低头力矩,企图减弱此向后的速度增量。因此,悬停状态旋翼按速度也是静稳定的。

按速度是否静稳定可用数学语言表示,考虑到速度及俯仰力矩(抬头力矩为正)的符号规定,则

$$\frac{\Delta M_y}{\Delta v_k}\bigg|_{\alpha_{xy}=c} > 0,静稳定$$

$$\frac{\Delta M_y}{\Delta v_k}\bigg|_{\alpha_{xy}=c} < 0,静不稳定$$

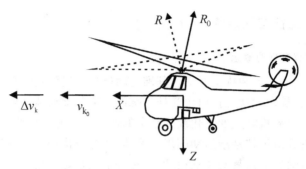

图 2-12 速度变化引起的静稳定性

（2）飞行速度 v_k 保持不变，由于迎角变化 $\Delta\alpha$ 而引起的静稳定性。直升机在偶然受到干扰后，迎角发生改变，例如干扰使飞机抬头后，如果出现新的附加低头力矩，使之自动趋于恢复原来迎角，则称直升机是迎角静稳定的；反之，如出现的附加力矩也是抬头力矩，使机身进一步抬头，则称直升机是迎角静不稳定的。

在前飞状态，旋翼按迎角是不稳定的。为此，通常在直升机上安装水平安定面，以改善直升机在前飞时的迎角静稳定性。这样，直升机受扰动机头上仰时，平尾的迎角会增大。在前飞相对气流的作用下，水平安定面可产生向上的附加升力（ΔY_{pw}），如图 2-13 所示，对直升机重心形成下俯力矩，使机头下俯而趋于恢复原俯仰平衡状态。

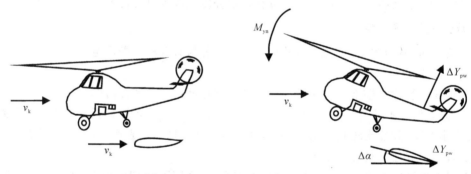

图 2-13 平尾产生的迎角静稳定性

同理，当直升机受扰动机头下俯时，平尾迎角减小，产生向下的附加升力，对重心形成抬头的迎角安定力矩，使机头上仰而趋于恢复原俯仰平衡状态.

虽然前飞速度越大，平尾产生的附加升力越大，迎角静稳定性增强。但在小速度或悬停时，由于平尾相对气流很小，它的静稳定作用较弱。所以，总的来说直升机的迎角静稳定性较固定翼飞机差。整架直升机是否按迎角静稳定，要看旋翼、平尾和机身等的共同影响，主要由旋翼与平尾两者的比较而定。

当 $\left(\dfrac{\Delta M_y}{\Delta\alpha}\right)_{qj} = \left(\dfrac{\Delta M_y}{\Delta\alpha}\right)_{xy} + \left(\dfrac{\Delta M_y}{\Delta\alpha}\right)_{pw} + \left(\dfrac{\Delta M_y}{\Delta\alpha}\right)_{js} + \cdots < 0$，迎角静稳定；反之，迎角静不稳定。

2. 航向静稳定性

与纵向类似，当直升机偶然受到干扰偏离原来航向后，若能产生恢复力矩，则直升机是航向静稳定的；反之，则直升机是航向静不稳定的。

对于单旋翼带尾桨式直升机来说,航向静稳定性问题正如航向的平衡问题一样,尾桨起主要作用。

以图 2-14 为例,当直升机受扰后机头左偏,出现右侧滑,那么相对尾桨有轴向来流 $v_0\sin\beta$ 从尾桨右方吹来,减小了尾桨的构造迎角,尾桨产生向左的拉力增量,从而绕直升机重心(重心在前)使机头右偏的力矩也增大,企图清除右侧滑。同理,当直升机受扰后机头右偏,出现左侧滑,那么尾桨产生向右拉力的增量,从而绕直升机重心使机头右偏的力矩减小,这时直升机的反扭矩会使直升机向左转头,企图消除左侧滑。所以直升机按侧滑角是航向静稳定的。

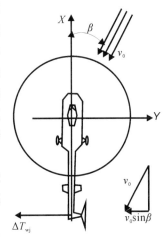

图 2-14　航向静稳定性

有些直升机上装有垂直安定面,或把尾梁末端的上翘部分设计成垂直安定面形状,其目的正是为了提供航向恢复力矩,改善航向稳定性。

上面谈的是前飞时的情况。但是,当直升机向后倒飞时,有风从机尾向机头吹来,尾桨的拉力变化对重心构成不稳定力矩,在此状态直升机按侧滑角是航向静不稳定的。

考虑到侧滑角及偏航力矩的正、负号规定(右侧滑为正,绕垂直轴的左偏力矩为正),航向是否静稳定可用数学语言表示为

$$\frac{\Delta M_z}{\Delta\beta}\bigg|_{\text{其他量不变}}<0,\text{航向静稳定}$$

$$\frac{\Delta M_z}{\Delta\beta}\bigg|_{\text{其他量不变}}>0,\text{航向静不稳定}$$

3. 横向静稳定性

横向静稳定性是指直升机具有自动消除因扰动引起的坡度的趋势。具有横向静稳定性的条件是,在侧滑中直升机自动产生横侧稳定力矩,企图消除侧滑的影响,而恢复原来的横侧平衡。

直升机在偶然受到干扰后,横向平衡状态遭到破坏,直升机发生侧倾,这时并不直接产生滚转力矩,而是出现侧滑(侧移),例如当直升机向右倾斜时,旋翼气动合力随之右倾,使直升机向右移动,即出现右侧滑,若在侧滑时,能出现新的左滚力矩,企图消除向右侧滑,使之自动恢复原来平衡状态,则称直升机按侧滑角是横向静稳定的;反之,则称直升机按侧滑角是横向静不稳定的。

用数学语言来表达,考虑到侧滑角及滚转力矩的符号规定,右侧滑为正,绕 Ox 轴向左滚转为正,则

$$\frac{\Delta M_x}{\Delta\beta}\bigg|_{\text{其他量不变}}<0,\text{横向静稳定}$$

$$\frac{\Delta M_x}{\Delta\beta}\bigg|_{\text{其他量不变}}>0,\text{横向静不稳定}$$

因横向平衡状态的破坏,导致侧滑运动,出现横向恢复力矩,这在固定翼飞机上称为“上反效应”。

对于单旋翼带尾桨式直升机来说,横向的静稳定力矩主要来自旋翼和尾桨。

为简化分析,讨论悬停时的直升机。以图 2-15 为例,当直升机向右侧倾斜时,导致单纯向右移动。对于旋翼来说,由于速度变化而出现恢复力矩,这里出现的是左滚力矩。对于尾桨来说,向右移动,相对气流使尾桨产生向左拉力增量,从而绕直升机重心(重心在尾桨之下)的左滚力矩增大。

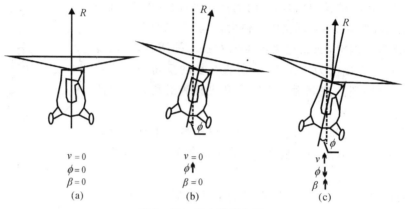

图 2-15 横向静稳定性

前飞时的直升机,向右倾斜导致向右侧滑,旋翼和尾桨出现左滚力矩的物理实质与悬停时一样。

4.直升机静稳定性的特点与影响因素

与固定翼飞机相比,直升机的稳定性普遍较差,上述三个方向稳定性间的相互影响较大。要使直升机具有稳定性,不仅必须同时具有三个方向的稳定性而且还要三者配合适当。

影响直升机稳定性的主要因素是直升机重心和飞行速度,重心前移和前飞速度增大,将改善直升机的稳定性。为了改善直升机的静稳定性,不少直升机除在构造上安装平尾外,还装有垂直尾翼。

(三)直升机的动稳定性

动稳定性问题研究的是直升机受扰后的飞行状态的全过程,是一个非定常问题,要用比较复杂的数学运算进行分析。这里仅介绍几个基本问题。

1.受扰后的运动类型

直升机受扰而偏离原来平衡状态,当干扰消失后,直升机的运动情况基本上可分为以下几种(见图 2-16)。

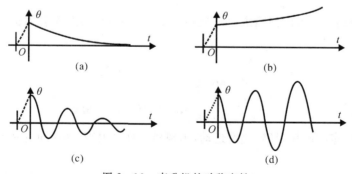

图 2-16 直升机的动稳定性

（1）非周期衰减运动——动稳定。直升机受扰而偏离原平衡位置，当干扰因素消失后，一般是向原位置恢复，没有振荡，而最终返回平衡位置。

（2）非周期增长运动——动不稳定。直升机受扰而偏离原平衡位置，当干扰消失后，越来越偏离原位置，没有振荡，且再也不能回到原位置。

（3）周期减幅运动——动稳定。直升机受扰而偏离原平衡位置，当干扰消失后，绕平衡位置衰减振荡，最终趋于平衡位置。

（4）周期增幅运动——动不稳定。直升机受扰偏离原平衡位置，当干扰消失后，发散振荡。

此外，还可分为非周期的"中性"运动和周期的等幅运动。

直升机的动稳定性通常是不很令人满意的。受扰后的纵向运动和横向运动一般表现为周期增幅运动；若无驾驶员操纵，则摆动振幅会越来越大，特别在悬停状态更甚。

2. 稳定性的评价准则

衡量直升机稳定性好坏的准则如下。

（1）振幅衰减一半或增长一倍所需的时间。振幅衰减一半的时间（$T_{1/2}$）是对动稳定运动讲的，振幅增长一倍的时间（T_2）是对动不稳定运动讲的，如图 2 - 17 所示。

（2）振幅（A）。

（3）周期。

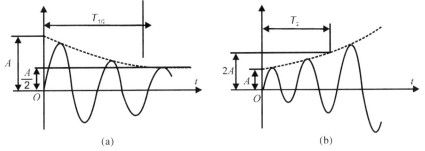

图 2 - 17　评价直升机稳定性的指标

目前各国有关稳定性的飞行品质规范要求不一，举例来说，有的规范要求如下。

（1）周期小于 5 s 的任何振荡，应在 2 周内振幅衰减一半。

（2）周期大于 5 s 但小于 10 s 的任何振荡，至少应稍有衰减。

（3）周期大于 10 s 但小于 20 s 的任何振荡，在 10 s 内振幅应不致达到 2 倍。

由此看出：对周期短的振荡运动要求较严格，而对周期长的要求可放宽些。这是考虑到人的主观能动性，因为对周期长的振荡运动驾驶员能及时地、适当地实施操纵。

单旋翼带尾桨式直升机悬停时一般是周期增幅运动，其周期大致介于 10～20 s 之间。当平飞速度增加时，不稳定的情况会有所改善，甚至变为减幅振动运动，但大速度时往往会变坏。

3. 稳定性的改善措施

通过理论研究及飞行实践得知，改善单旋翼带尾桨式直升机悬停时动不稳定性的措施，主要靠增加旋翼的阻尼。某些轻型直升机，在旋翼系统中采用如"稳定杆"这样的装置，以增加阻尼。改善前飞动不稳定性的措施，除了上述增加（俯仰与滚转）阻尼的一些措施外，主要是装置水平安定面，以改善直升机按迎角的静稳定性。现代直升机上都装有控制增稳系统，使直升机受扰而偏离原平衡位置，当干扰因素消失后，绕平衡位置往复地摆动，振幅越来越小，最终趋于平衡位置。

(四)直升机的阻尼

直升机在受扰动后还可能出现一种阻滞转动的力矩,通常称为阻尼。直升机的阻尼主要来自旋翼和尾桨。

现在按纵向、航向和横向三方面来分析。

1. 纵向阻尼

直升机的纵向阻尼主要来自旋翼。当直升机以俯仰角速度 q 绕 Oy 轴转动,例如抬头时,如图 2-18 所示,对于铰接式旋翼,由于桨叶与桨毂是铰接式连接的,机身的抬头转动不能立刻将此转动直接传给旋翼(当机身抬头后,自动倾斜器通过与桨叶摇臂相连的小拉杆使桨叶安装角改变。桨叶安装角改变后,通过空气动力的作用才使旋翼叶尖平面及旋翼气动合力 R 随后跟着直升机机身而转动)。由于桨叶惯性,叶尖平面的转动滞后于机身的转动。此时合力 R 对重心产生低头力矩,阻止机身转动。同理,低头时,会出现一个逆向的抬头力矩,也同样阻止机身转动。

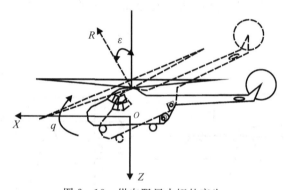

图 2-18 纵向阻尼力矩的产生

考虑到俯仰角速度及俯仰力矩的符号规定,绕 Oy 轴均以抬头为正,可以写出下列数学判别式:

$$\left.\frac{\Delta M_y}{\Delta q}\right|_{其他量不变} < 0,有阻尼$$

$$\left.\frac{\Delta M_y}{\Delta q}\right|_{其他量不变} = 0,无阻尼$$

最后,关于俯仰角速度引起的阻尼再说明几点。

(1)阻尼与角速度有关,但与角度无关,因而也可以说是"动"稳定力矩;一旦机身停止转动,叶尖平面赶上构造旋转平面(机身),阻尼就将消失,尽管机身姿态已改变。

(2)阻尼对直升机的受扰运动(全过程)是否最终趋于稳定起着重大作用。若阻尼过小,直升机受扰后可能长时间不停地摆动。

(3)在构造上增加阻尼的办法如下:

1)增加桨叶绕挥舞铰的惯性矩,例如增加桨叶尖部质量可增大桨叶运动的惯性。

2)降低直升机重心,这样增大了旋翼气动合力作用点到直升机重心的距离,即增大了阻尼力矩的力臂。

3)适当将旋翼的挥舞铰外伸量选得大些,这样可使桨毂附加力矩 M_G 增大,当机身姿态改变时,由于叶尖平面滞后而产生的阻尼相应地也增加。

4)用稳定杆或控制短翼也可增加阻尼。

2.航向阻尼

对于单旋翼带尾桨式直升机来说,航向阻尼主要来自尾桨。

例如,当直升机以角速度向左偏转时,如图 2-19 所示,因尾桨的切线速度向右摆动,即有轴向来流自尾桨右侧向左流过尾桨。这时,轴向来流方向与尾桨诱导速度的方向相反,使尾桨桨叶的迎角增加,拉力增大,从而形成阻尼力矩,阻止机头向左偏转。同理,当直升机以角速度向右偏转时,轴向来流自左向右流过尾桨,使其桨叶迎角减小,拉力减小,从而形成阻止机头向右偏转的阻尼力矩。

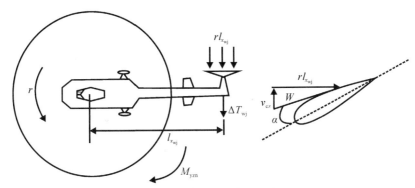

图 2-19　偏航阻尼力矩的产生

考虑到绕竖轴右转的角速度和力矩为正,用数学语言表示为

$$\left.\frac{\Delta M_z}{\Delta \gamma}\right|_{\text{其他量不变}} < 0,\text{有阻尼}$$

3.横向阻尼

直升机在滚转中,也会产生阻尼力矩。考虑到向右滚转的角速度和力矩为正,用数学语言表示为

$$\left.\frac{\Delta M_x}{\Delta p}\right|_{\text{其他量不变}} < 0,\text{有阻尼}$$

对于单旋翼带尾桨式直升机来说,横向阻尼除了与纵向阻尼一样与旋翼有关外,还与尾桨有关。对尾桨来说,由于直升机的滚转运动,相对地产生 $l_{z_{\text{wj}}}$ 的附加来流 Δv_{wj}(见图 2-20),以改变尾桨的拉力,增加横向阻尼,这是纵向运动所没有的。

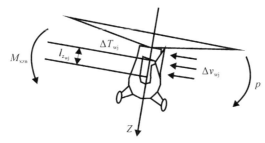

图 2-20　尾桨产生的滚转阻尼

(五)直升机的操纵性

操纵性是指操纵后直升机改变飞行状态的特性。常用操纵灵敏度和操纵反应时间两项指标评价直升机的操纵性。操纵灵敏度是指当操纵机构移动一定角度或行程,并停留在新位置上,尔后直升机所能达到的最大稳定的角运动速度。

(1)操纵灵敏度与操纵功效和角速度阻尼有关。操纵功效是指一定的操纵量所能产生绕直升机重心的操纵力矩。例如,操纵自动倾斜器倾斜1°时,所产生的绕直升机的操纵力矩就称作操纵功效。纵向用 m_z^{φ} 表示,横向用 m_x^{ϑ} 表示。

直升机角运动过程中,只有当操纵力矩等于阻尼力矩时,才会有稳定的角运动速度。因此不难推得,操纵灵敏度为操纵功效与角速度阻尼的比。因此,操纵功效越大,角速度阻尼越小,操纵灵敏度越高;反之,则越低。

操纵灵敏度是说明经操纵后直升机达到稳定角运动的反应快慢的问题。但实际操纵后,直升机不能马上达到稳定角运动,而是有个过程,这就是下面要介绍的飞行状态改变快慢的问题。

(2)操纵反应时间是指当操纵机构移动一定角度或行程后,直升机达到稳定角运动速度的时间。操纵反应时间越短,说明直升机对操纵反应越迅速;反之,则说明对操纵反应越缓慢。

第四节　直升机的操纵原理

单旋翼直升机靠旋翼操纵实现垂直升降、俯仰和倾斜运动的控制,适当配合尾桨操纵进行方向控制。因此,直升机操纵包含旋翼和尾桨两方面。

一、旋翼的操纵原理

自动倾斜器是旋翼操纵机构的主要部分,其组成及其与操纵机构的连接如图0-5所示。滑筒套在套筒外面,可沿套筒上下滑动。滑筒用一对球铰与内环相连接,由于这两对轴销互成90°,因此内、外环构成一个万向接头,可使内环向任一方向倾斜。在外环与旋转环之间装有轴承。旋翼转动时,通过与桨毂相连的拨杆带动外环一起转动,而自动倾斜器的其他部件都不随旋翼转动。

油门桨距杆同时与发动机油门和自动倾斜器的滑筒连接。上提油门桨距杆,滑筒沿导筒向上滑动,带动内、外环和旋转环一齐向上移动。旋转环上移,通过传动杆和桨叶摇臂的传动,就能使所有桨叶的桨距角同时增大,这称为增大总桨距。下放油门桨距杆,旋翼总桨距减少,发动机的油门也随着关小。

操纵旋翼改变飞行状态的实质,是改变旋翼拉力大小和方向。

1. 改变旋翼拉力大小的原理

由第一章可知,为改变旋翼拉力的大小,要从两方面着手:

(1)改变所有桨叶的迎角,即总距;

(2)改变旋翼转速使流过各片桨叶的相对气流速度发生变化。

在实际操纵中,操纵油门桨距杆和油门环可达到改变总距和转速的目的。

上提油门变距杆(俗称总距),滑筒沿套筒向上滑动,带动内、外环与旋转环一齐上移,通过变距传动杆使旋翼所有桨叶的桨叶角同时增大,同时发动机功率增大,使旋翼拉力增大;反之,

拉力减小 *。

2. 改变旋翼拉力方向的原理

由第一章分析知道,旋翼拉力通常是沿旋翼锥体轴线的。因此改变旋翼拉力方向可通过控制旋翼锥体的倾斜实现。

通过操纵驾驶杆可改变旋翼锥体的倾斜。由第一章桨叶挥舞运动分析知道:旋翼锥体倾斜的方向滞后桨叶升力(或桨叶角)变化最大处 90°,因此为使旋翼拉力方向往所需方向倾斜,只要人为地在超前 90°方位处减小桨叶角就可以实现。因此旋翼结构保证驾驶杆操纵摇臂,传动杆传动,使自动倾斜器内外环倾斜,桨叶适当周期变距,正确改变锥体倾斜方向(操纵方法见绪论)。锥体倾斜,拉力倾斜,对直升机重心形成操纵力矩,使直升机向驾驶杆的操纵方向转动。同时,拉力倾斜后在水平面的分量,使直升机向驾驶杆的操纵方向加速运动。机体的运动变化与杆的位移(操纵量)成正比。

3. 旋翼的操纵原理

通过驾驶杆和总距杆可操纵旋翼控制直升机俯仰、倾斜和升降运动。现以图 2 - 10 所示的悬停平衡状态为例,说明操纵姿态角的原理。

向前推驾驶杆时,控制纵向周期变距使旋翼锥体前倾,于是使旋翼气动合力 R 前倾,它对重心的力臂较大,产生附加低头力矩使直升机低头。反之,向后拉杆时,直升机抬头。

同理,左、右压杆时,控制侧向周期变距使自动倾斜器、旋翼锥体向左或向右倾斜,旋翼气动合力随之倾斜后,产生绕纵轴的附加力矩,使直升机向左或向右倾斜。

由此可见,操纵俯仰和倾斜时,只要使自动倾斜器倾斜,改变旋翼锥体的轴向,即可通过改变旋翼拉力方向得以实现。旋翼拉力不过重心是实现这种控制的前提条件,它是由机体及其倾斜器构造所决定的。

此外,旋翼锥体倾斜会产生相应方向的水平分量,产生附加水平气动力使直升机向相应方向飞行。

操纵总距杆主要改变旋翼拉力的大小,对竖轴方向力的平衡产生影响,控制直升机上升或下降。

二、尾桨的操纵原理

由本章第三节方向平衡分析知道,单旋翼直升机的尾桨产生用来平衡旋翼对机体的反作用力矩。因此改变尾桨的拉力可使尾桨的拉力矩发生变化,以操纵直升机航向。

尾桨的形式多种多样,但构造与旋翼相似,由桨毂和数片桨叶构成。尾桨桨叶角的变化引起桨叶拉力的变化,通过改变桨叶角可操纵直升机的航向(操纵方法见绪论)。

综上所述,驾驶员操纵油门桨距杆,使旋翼各桨叶的桨叶角同时增大或减小(即总距增大或减小),以改变拉力大小实现直升机的升降操纵;移动驾驶杆(前后或左右),通过自动倾斜器倾斜使桨叶周期变距,桨叶挥舞最终导致旋翼锥体向驾驶杆移动方向倾斜,以实现直升机的俯仰操纵和倾斜操纵;蹬脚蹬,改变尾桨桨距使尾桨拉力大小发生变化,从而实现直升机的航向操纵。为方便驾驶员操纵,操纵系统设计应使上述四种操纵彼此独立。

在实际操纵中,直升机的运动是互相影响、互相牵连的。要控制直升机的飞行状态,所有

---

* 油门桨距上的油门环可适当调整旋翼转速;油门一定时,直升机旋翼转速由自动控制而保持不变。

的操纵机构都要协同控制,才能使直升机处于所需的平衡状态。这也是直升机操纵比较复杂的缘故。

第五节　直升机的运动方程

一、运动方程的建立

(一)有关运动的基本假设

(1)认为直升机不仅是刚体,而且质量一定;

(2)假设地球为惯性坐标系;

(3)忽略地平面曲率,视之为平面;

(4)假设重力加速度不随飞行高度变化;

(5)假设机体坐标系 xOz 平面为直升机的对称面,且直升机不仅外形对称,而且内部质量分布也对称,惯性积 $I_{zy} = I_{xy} = 0$。

(二)运动方程组

1. 动力学方程

直升机的飞行运动,可分解为空间平动和绕质心的定点转动。

直升机动力学方程可由牛顿第二定律导出。该定律的向量形式为

$$\left.\begin{array}{l} \sum \boldsymbol{F} = \dfrac{\mathrm{d}}{\mathrm{d}t}(m\boldsymbol{v}) \\[2mm] \sum \boldsymbol{M} = \dfrac{\mathrm{d}\boldsymbol{H}}{\mathrm{d}t} \end{array}\right\} \tag{2-19}$$

式中,$\boldsymbol{F}$——外力;

$\boldsymbol{M}$——外力矩;

m——直升机的质量;

$\boldsymbol{v}$——直升机质心的运动速度;

$\boldsymbol{H}$——直升机的动量矩。

将绝对速度 $\boldsymbol{v}$ 和动量矩 $\boldsymbol{H}$ 按机体坐标系分解,则由式(2-19)可建立沿直升机三轴的动力学方程。

线运动方程为

$$\left.\begin{array}{l} m\left(\dfrac{\mathrm{d}u}{\mathrm{d}t} + wq - vr\right) = \sum F_x \\[2mm] m\left(\dfrac{\mathrm{d}v}{\mathrm{d}t} + ur - wp\right) = \sum F_y \\[2mm] m\left(\dfrac{\mathrm{d}w}{\mathrm{d}t} + vp - uq\right) = \sum F_z \end{array}\right\} \tag{2-20}$$

式中,u、v、w——直升机空速在 Ox、Oy 和 Oz 轴上的投影;

p、q、r——直升机绕 Ox、Oy 和 Oz 轴的角速度;

$\sum F_x$、$\sum F_y$、$\sum F_z$——各外力在 Ox、Oy 和 Oz 轴上的投影之和。

角运动方程为

$$
\left.
\begin{array}{l}
I_x \dfrac{\mathrm{d}p}{\mathrm{d}t} + (I_z - I_y)qr - I_{xz}\left(pq + \dfrac{\mathrm{d}r}{\mathrm{d}t}\right) = \sum M_x \\[3mm]
I_y \dfrac{\mathrm{d}q}{\mathrm{d}t} + (I_x - I_z)rp + I_{xz}(p^2 - r^2) = \sum M_y \\[3mm]
I_z \dfrac{\mathrm{d}r}{\mathrm{d}t} + (I_y - I_x)pq - I_{xz}\left(\dfrac{\mathrm{d}p}{\mathrm{d}t} - qr\right) = \sum M_z
\end{array}
\right\}
\qquad (2-21)
$$

式中，I_x、I_y、I_z——直升机对 Ox、Oy、Oz 轴的转动惯量；

　　I_{xz}——直升机对 Ox 和 Oz 轴的惯性积；

　　$\sum M_x$、$\sum M_y$、$\sum M_z$——各外力矩在 Ox、Oy 和 Oz 轴上的投影之和。

以上六个方程没有考虑发动机旋转角速度及旋翼旋转角速度在直升机转动时产生的陀螺力矩。若考虑这些力矩，则在式（2-21）右边还应增加相应项。

由式（2-20）和式（2-21），可以解出直升机相对机体坐标系的速度和角速度。要完全确定机体坐标系与地面坐标系的相对角位置和线位置，还要找出姿态角与角速度的关系——运动学方程。

2.运动学方程

为了描述直升机相对于地面的运动，如角位置（偏航角 ψ、俯仰角 θ、倾斜角 ϕ）和线位置（航程 L、侧向偏离 Z、高度 H），还需要建立体轴系与地轴系之间的转换关系。由本章第一节关于直升机三个姿态角的定义和机体坐标系与地面坐标系的相互关系，可分别求得

角运动方程为

$$
\left.
\begin{array}{l}
\dfrac{\mathrm{d}\phi}{\mathrm{d}t} = p + (r\cos\phi + q\sin\phi)\tan\theta \\[3mm]
\dfrac{\mathrm{d}\psi}{\mathrm{d}t} = \dfrac{r\cos\phi + q\sin\phi}{\cos\theta} \\[3mm]
\dfrac{\mathrm{d}\theta}{\mathrm{d}t} = q\cos\phi - r\sin\phi
\end{array}
\right\}
\qquad (2-22)
$$

线运动方程为

$$
\left.
\begin{array}{l}
\dfrac{\mathrm{d}L}{\mathrm{d}t} = u\cos\psi\cos\theta - w(\sin\psi\sin\phi - \cos\psi\sin\theta\cos\phi) + \\[1mm]
\qquad\quad v(\cos\psi\sin\theta\sin\phi + \sin\psi\cos\phi) \\[3mm]
\dfrac{\mathrm{d}H}{\mathrm{d}t} = u\sin\theta - w\cos\theta\cos\phi - v\cos\theta\sin\phi \\[3mm]
\dfrac{\mathrm{d}Z}{\mathrm{d}t} = -u\sin\psi\cos\theta - w(\sin\psi\sin\theta\cos\phi - \cos\theta\sin\phi) + \\[1mm]
\qquad\quad v(\cos\psi\cos\phi - \sin\psi\sin\theta\sin\phi)
\end{array}
\right\}
\qquad (2-23)
$$

式中，L——航程；

　　H——高度；

　　Z——侧向偏离。

3.六自由度运动方程

归纳式（2-20）～式（2-23），可得直升机六自由度运动方程组为

$$m\left(\frac{\mathrm{d}u}{\mathrm{d}t}+wq-vr\right)=\sum F_x$$

$$m\left(\frac{\mathrm{d}v}{\mathrm{d}t}+ur-wp\right)=\sum F_y \qquad (2-24a)$$

$$m\left(\frac{\mathrm{d}w}{\mathrm{d}t}+vp-uq\right)=\sum F_z$$

$$I_x\frac{\mathrm{d}p}{\mathrm{d}t}+(I_z-I_y)qr-I_{xz}\left(pq+\frac{\mathrm{d}r}{\mathrm{d}t}\right)=\sum M_x$$

$$I_y\frac{\mathrm{d}q}{\mathrm{d}t}+(I_x-I_z)rp+I_{xz}(p^2-r^2)=\sum M_y \qquad (2-24b)$$

$$I_z\frac{\mathrm{d}r}{\mathrm{d}t}+(I_y-I_x)pq-I_{xz}\left(\frac{\mathrm{d}p}{\mathrm{d}t}-qr\right)=\sum M_z$$

$$\frac{\mathrm{d}\phi}{\mathrm{d}t}=p+(r\cos\phi+q\sin\phi)\tan\theta$$

$$\frac{\mathrm{d}\psi}{\mathrm{d}t}=\frac{r\cos\phi+q\sin\phi}{\cos\theta} \qquad (2-24c)$$

$$\frac{\mathrm{d}\theta}{\mathrm{d}t}=q\cos\phi-r\sin\phi$$

$$\frac{\mathrm{d}L}{\mathrm{d}t}=u\cos\psi\cos\theta-w(\sin\psi\sin\phi-\cos\psi\sin\theta\cos\phi)+$$
$$\qquad v(\cos\psi\sin\theta\sin\phi+\sin\psi\cos\phi)$$

$$\frac{\mathrm{d}H}{\mathrm{d}t}=u\sin\theta-w\cos\theta\cos\phi-v\cos\theta\sin\phi \qquad (2-24d)$$

$$\frac{\mathrm{d}Z}{\mathrm{d}t}=-u\sin\psi\cos\theta-w(\sin\psi\sin\theta\cos\phi-\cos\theta\sin\phi)+$$
$$\qquad v(\cos\psi\cos\phi-\sin\psi\sin\theta\sin\phi)$$

它们与式(2-7)表示的三个力和三个力矩方程一起可描述直升机的全面运动。

二、线性化运动方程组

(一)小扰动线性化原理

扰动运动是相对某种基准运动而言的。所谓基准运动(又称未扰动运动)是指直升机按照驾驶意图,以一定平衡状态进行的运动。例如定常直线飞行或对称定直平飞等均为基准运动。

直升机的扰动运动是在外来干扰作用下,直升机偏离理想的基准运动,在一段时间内不按照预期的规律运动。外来干扰可能来自周围大气的扰动、发动机工作变化或驾驶员偶然动了动驾驶杆(即所谓脉冲型的操纵)等。

所谓"小扰动运动"是指这种扰动运动的参数与基准运动的参数之间的差别甚小,以至二阶和二阶以上导数可忽略不计。用小扰动原理简化处理的运动方程,在大多数情况下均能给出足够的工程准确度量。

为简便起见,先介绍按小扰动原理对运动方程进行线性化处理的方法。

设某运动方程为

$$f(x_1,x_2,\cdots,x_n)=0 \qquad (2-25)$$

式中,变量 $x_i(i=1,2,\cdots,n)$ 可以是运动参数或它们的导数,且可表示成基准运动参数 x_{i_0} 和偏离量 Δx_i 之和,即

$$x_i = x_{i_0} + \Delta x_i \qquad (2-26)$$

不论是基准运动还是扰动运动均应满足运动方程(2-25),即

$$f(x_{1_0}, x_{2_0}, \cdots, x_{n_0}) = 0 \qquad (2-27)$$

$$f(x_{1_0} + \Delta x_1, x_{2_0} + \Delta x_2, \cdots, x_{n_0} + \Delta x_n) = 0 \qquad (2-28)$$

根据小扰动假设,偏离量 $\Delta x_i(i=1,2,\cdots,n)$ 是小量,故可将式(2-28)的左边展开成泰勒级数,并忽略二阶及二阶以上导数,可得

$$f(x_{1_0}, x_{2_0}, \cdots, x_{n_0}) + \left(\frac{\partial f}{\partial x_1}\right)_0 \Delta x_1 + \left(\frac{\partial f}{\partial x_2}\right)_0 \Delta x_2 + \cdots + \left(\frac{\partial f}{\partial x_n}\right)_0 \Delta x_n = 0 \quad (2-29)$$

式(2-29)减去式(2-27),则得

$$\left(\frac{\partial f}{\partial x_1}\right)_0 \Delta x_1 + \left(\frac{\partial f}{\partial x_2}\right)_0 \Delta x_2 + \cdots + \left(\frac{\partial f}{\partial x_n}\right)_0 \Delta x_n = 0 \qquad (2-30)$$

式(2-30)称作线性化小扰动方程。式中系数 $(\partial f/\partial x_1)_0, (\partial f/\partial x_2)_0, \cdots, (\partial f/\partial x_n)_0$ 都是已知的。若基准运动是定常运动,则这些系数是常系数。实际上即使基准运动不是完全定常的,只要运动参数变化不很剧烈,在一小段时间内可以近似地视为常数。这样,小扰动运动方程式(2-30)仍是常系数的线性微分方程,可以解析求解。当然,由于加入了小扰动假定,所得到的线性化方程就必然受到一定的应用限制。

(二)运动方程组的线性化

在研究直升机运动时,通常用上述原理对式(2-24)进行线性化处理,以建立直升机的小扰动线性化增量方程。这样可将非线性微分方程组化为线性方程组,并用矩阵形式表示,以方便计算求解,并且物理意义清晰,便于分析参数变化对系统特性的影响,以指导设计。

首先选取基准运动,为简单起见,可选取定常直线(无侧滑、无转动)飞行作为基准运动。这样,可假设基准运动的有关参数如下:

$$V = V_0, u = u_0, v = 0, w = w_0$$

$$p_0 = q_0 = r_0 = 0$$

$$\psi_0 = \phi_0 = 0$$

$$Z_{d_0} = 0$$

$$\delta_{a_0} = 0, \delta_{e_0} = 0, \delta_{c_0} = 0, \delta_{r_0} = 0$$

根据小扰动原理,扰动运动参数可用基准运动参数附加小扰动量来表示,即

$$u = u_0 + \Delta u, w = w_0 + \Delta w, v = \Delta v$$

$$p = \Delta p, q = \Delta q, r = \Delta r$$

$$\theta = \theta_0 + \Delta\theta, \psi = \Delta\psi, \phi = \Delta\phi$$

$$X_d = X_{d_0} + \Delta X_d, Y_d = Y_{d_0} + \Delta Y_d, Z_d = \Delta Z_d$$

$$\delta_a = \Delta\delta_a, \delta_e = \Delta\delta_e, \delta_c = \Delta\delta_c, \delta_r = \Delta\delta_r$$

同样,可将外力和外力矩表示为增量线性化的形式(忽略二阶以上导数):

$$\begin{cases} \sum F_x = F_{x_0} + \dfrac{\partial F_x}{\partial u}\Delta u + \dfrac{\partial F_x}{\partial w}\Delta w + \dfrac{\partial F_x}{\partial v}\Delta v + \dfrac{\partial F_x}{\partial p}\Delta p + \dfrac{\partial F_x}{\partial r}\Delta r + \\ \qquad \dfrac{\partial F_x}{\partial q}\Delta q + \dfrac{\partial F_x}{\partial \delta_a}\Delta \delta_a + \dfrac{\partial F_x}{\partial \delta_e}\Delta \delta_e + \dfrac{\partial F_x}{\partial \delta_c}\Delta \delta_c + \dfrac{\partial F_x}{\partial \delta_r}\Delta \delta_r \\[4pt] \sum F_y = F_{y_0} + \dfrac{\partial F_y}{\partial u}\Delta u + \dfrac{\partial F_y}{\partial w}\Delta w + \dfrac{\partial F_y}{\partial v}\Delta v + \dfrac{\partial F_y}{\partial p}\Delta p + \dfrac{\partial F_y}{\partial r}\Delta r + \\ \qquad \dfrac{\partial F_y}{\partial q}\Delta q + \dfrac{\partial F_y}{\partial \delta_a}\Delta \delta_a + \dfrac{\partial F_y}{\partial \delta_e}\Delta \delta_e + \dfrac{\partial F_y}{\partial \delta_c}\Delta \delta_c + \dfrac{\partial F_y}{\partial \delta_r}\Delta \delta_r \\[4pt] \sum F_z = F_{z_0} + \dfrac{\partial F_z}{\partial u}\Delta u + \dfrac{\partial F_z}{\partial w}\Delta w + \dfrac{\partial F_z}{\partial v}\Delta v + \dfrac{\partial F_z}{\partial p}\Delta p + \dfrac{\partial F_z}{\partial r}\Delta r + \\ \qquad \dfrac{\partial F_z}{\partial q}\Delta q + \dfrac{\partial F_z}{\partial \delta_a}\Delta \delta_a + \dfrac{\partial F_z}{\partial \delta_e}\Delta \delta_e + \dfrac{\partial F_z}{\partial \delta_c}\Delta \delta_c + \dfrac{\partial F_z}{\partial \delta_r}\Delta \delta_r \end{cases}$$

$$\begin{cases} M_x = M_{x_0} + \dfrac{\partial M_x}{\partial u}\Delta u + \dfrac{\partial M_x}{\partial w}\Delta w + \dfrac{\partial M_x}{\partial v}\Delta v + \dfrac{\partial M_x}{\partial p}\Delta p + \dfrac{\partial M_x}{\partial r}\Delta r + \\ \qquad \dfrac{\partial M_x}{\partial q}\Delta q + \dfrac{\partial M_x}{\partial \delta_a}\Delta \delta_a + \dfrac{\partial M_x}{\partial \delta_e}\Delta \delta_e + \dfrac{\partial M_x}{\partial \delta_c}\Delta \delta_c + \dfrac{\partial M_x}{\partial \delta_r}\Delta \delta_r \\[4pt] M_y = M_{y_0} + \dfrac{\partial M_y}{\partial u}\Delta u + \dfrac{\partial M_y}{\partial w}\Delta w + \dfrac{\partial M_y}{\partial v}\Delta v + \dfrac{\partial M_y}{\partial p}\Delta p + \dfrac{\partial M_y}{\partial r}\Delta r + \\ \qquad \dfrac{\partial M_y}{\partial q}\Delta q + \dfrac{\partial M_y}{\partial \delta_a}\Delta \delta_a + \dfrac{\partial M_y}{\partial \delta_e}\Delta \delta_e + \dfrac{\partial M_y}{\partial \delta_c}\Delta \delta_c + \dfrac{\partial M_y}{\partial \delta_r}\Delta \delta_r \\[4pt] M_z = M_{z_0} + \dfrac{\partial M_z}{\partial u}\Delta u + \dfrac{\partial M_z}{\partial w}\Delta w + \dfrac{\partial M_z}{\partial v}\Delta v + \dfrac{\partial M_z}{\partial p}\Delta p + \dfrac{\partial M_z}{\partial r}\Delta r + \\ \qquad \dfrac{\partial M_z}{\partial q}\Delta q + \dfrac{\partial M_z}{\partial \delta_a}\Delta \delta_a + \dfrac{\partial M_z}{\partial \delta_e}\Delta \delta_e + \dfrac{\partial M_z}{\partial \delta_c}\Delta \delta_c + \dfrac{\partial M_z}{\partial \delta_r}\Delta \delta_r \end{cases}$$

式中各偏导数取平衡状态的值。这种简化实际上忽略了加速度对气动力的影响,如忽略那些微弱的耦合。偏导数中有许多项为零,例如纵向力 F_x 不随 $w,p,r,\Delta\delta_e,\Delta\delta_r$ 等的变化而改变。其他力和力矩也类似,因而气动力的增量将进一步简化。

将上述扰动运动各参数表达式和力、力矩表达式代入式(2-24)运动方程组,可得到关于直升机运动的线性化方程组。

三、状态空间表示

考虑到控制航向时,可通过控制偏航速率得以实现,因此可略去偏航角 ψ 这一状态变量,而采用八个状态的方程,即

$$\dot{\boldsymbol{X}} = \boldsymbol{AX} + \boldsymbol{BU} \qquad (2-31)$$

式中,状态向量 $\boldsymbol{X} = \begin{bmatrix} \theta & \phi & u & v & w & p & q & r \end{bmatrix}^{\mathrm{T}}$ 表示各体轴变量的相对平衡状态的小扰动。控制向量 $\boldsymbol{U} = \begin{bmatrix} \delta_a & \delta_c & \delta_e & \delta_r \end{bmatrix}^{\mathrm{T}}$ 表示相对平衡位置的控制量增量。这里为书写简便,将增量符号 Δ 去掉,如用 δ_a 表示 $\Delta\delta_a$。

状态阵 $\boldsymbol{A}$ 和控制阵 $\boldsymbol{B}$ 的元素是由两类元素组成,第一类由运动方程中的惯性和重力因素组成;第二类由空气动力和力矩的偏微分项组成。

状态向量 $\boldsymbol{X}$ 可进一步分解为纵向状态向量 $\boldsymbol{X}_x$ 和横向状态向量 $\boldsymbol{X}_y$:

$$\boldsymbol{X}_x = \begin{bmatrix} u \\ w \\ q \\ \theta \end{bmatrix} \qquad \boldsymbol{X}_y = \begin{bmatrix} v \\ p \\ \phi \\ \psi \end{bmatrix} \qquad (2-32)$$

因此状态方程式(2-31)被分解为

$$\dot{X} = \begin{bmatrix} A_{11} & A_{12} \\ A_{21} & A_{22} \end{bmatrix} X + \begin{bmatrix} B_1 \\ B_2 \end{bmatrix} U \tag{2-33}$$

若矩阵 $A_{12} = A_{21} \approx 0^*$，则状态方程就可分解为纵向和侧向两个方程，用以研究直升机的纵向运动和侧向运动。

输出方程可写为

$$Y = CX \tag{2-34}$$

式(2-34)给出了期望输出和通过状态的线性组合以达到这些期望输出间的联系，C 阵的元素即为这些组合的系数。

四、基本运动模态

代表直升机小扰动运动的数学模型是线性常系数微分方程组。在这组方程的诸特征根中，由一个实根或一对共轭复根所描述的运动称为模态。

直升机运动方程特征根的典型分布如图 2-21 所示，其对应的运动模态有如下几种。

(1)短周期模态。在纵向小扰动运动方程的诸特征根中，大复根所代表的运动模态称为短周期模态。其主要特征是迎角和俯仰角均呈周期短(一般在 0.5～3 s)、衰减快的振荡，而速度的变化甚小。

(2)长周期模态。在纵向小扰动运动方程的诸特征根中，小复根(或小实根)所代表的运动模态称为长周期模态。其主要特征是飞行速度和俯仰角均呈缓慢的周期(或非周期)的变化(长达 10～30 s)，而迎角近似不变。

(3)滚转收敛模态。在侧向小扰动运动方程的诸特征根中，大实根所代表的运动模态称为滚转收敛模态。其主要特征是滚转角和滚转角速度呈现衰减快的非周期运动。

(4)荷兰滚模态。在侧向小扰动运动方程的诸特征根中，复根所代表的运动模态称为荷兰滚模态。其主要特征是倾斜角、侧滑角和偏航角呈频率高的周期性振荡。

(5)螺旋模态。在侧向小扰动运动方程的诸特征根中，小实根所代表的运动模态称为螺旋模态。其主要特征是非周期的缓慢滚转和偏航运动。

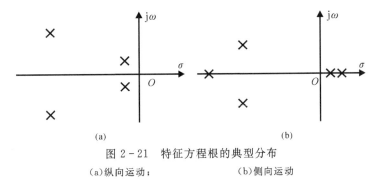

图 2-21　特征方程根的典型分布
(a)纵向运动；　　　　　　　　(b)侧向运动

---

* 这种假设通常不切合实际，因此解耦控制的运用非常必要。

五、稳定性分析

以表 2-1 所示的 5 种状态,求出表 2-2 和表 2-3 所示的纵向和侧向特征根,并通过大量数字仿真,得出下述结论:

(1)纵向周期变距对直升机的前飞速度和俯仰角运动影响较大;

(2)在纵向周期变距上加作用时,与在总距上加作用相比,前飞速度和俯仰角的振荡次数增多,调节时间加长;

(3)侧向运动会出现周期性或非周期性振荡,在大多数情况下是收敛的。但是,非周期过程有可能发散,不过发散比较缓慢,可以通过控制得以修正;

(4)飞行速度越小,直升机的稳定性越差。

总之,直升机的自然稳定性差,要设计良好的控制器,才能使之具有良好的飞行性能。

表 2-1　样例直升机的五种状态

状　态	Ⅰ	Ⅱ	Ⅲ	Ⅳ	Ⅴ
H/m	0	0	0	1 000	1 000
μ	0.0	0.1	0.2	0.0	0.2

表 2-2　纵向特征根

状　态	特　征　根
Ⅰ	$-0.863\ 818\ 3\ E-01$　$0.000\ 000\ 0\ E+00$　$0.880\ 549\ 6\ E-01$　$0.368\ 768\ 0\ E+00$ $0.880\ 549\ 6\ E-01$　$-0.368\ 768\ 0\ E+00$　$-0.800\ 728\ 0\ E+00$　$0.000\ 000\ 0\ E+00$
Ⅱ	$-0.944\ 096\ 6\ E+00$　$-0.786\ 226\ 1\ E+00$　$-0.229\ 034\ 6\ E-01$　$-0.299\ 777\ 4\ E+00$ $-0.944\ 096\ 6\ E+00$　$0.786\ 226\ 1\ E+00$　$-0.229\ 034\ 6\ E-01$　$0.299\ 777\ 4\ E+00$
Ⅲ	$-0.642\ 366\ 1\ E-01$　$-0.479\ 147\ 8\ E+00$　$-0.838\ 786\ 5\ E+00$　$-0.986\ 644\ 9\ E-01$ $-0.642\ 366\ 1\ E-01$　$-0.479\ 147\ 8\ E+00$　$-0.838\ 786\ 5\ E+00$　$-0.986\ 644\ 9\ E-01$
Ⅳ	$-0.946\ 460\ 4\ E-01$　$-0.942\ 000\ 3\ E+00$　$-0.242\ 396\ 1\ E-01$　$-0.275\ 115\ 1\ E+00$ $-0.946\ 460\ 4\ E-01$　$0.942\ 000\ 3\ E+00$　$-0.242\ 396\ 1\ E-01$　$0.275\ 115\ 1\ E+00$
Ⅴ	$-0.847\ 571\ 2\ E-01$　$-0.373\ 847\ 2\ E+00$　$-0.889\ 472\ 1\ E-01$　$-0.000\ 000\ 0\ E+00$ $-0.847\ 571\ 2\ E-01$　$-0.373\ 847\ 2\ E+00$　$-0.850\ 167\ 0\ E+00$　$-0.000\ 000\ 0\ E+00$

表 2-3　侧向特征根

状　态	特　征　根
Ⅰ	$-0.209\ 413\ 4\ E-05$　$0.000\ 000\ 0\ E+00$　$-0.467\ 391\ 3\ E+00$　$0.586\ 255\ 0\ E-01$ $-0.668\ 931\ 0\ E-01$　$0.000\ 000\ 0\ E+00$　$0.467\ 391\ 3\ E+00$　$0.586\ 255\ 0\ E-01$ $-0.200\ 131\ 9\ E+01$　$0.000\ 000\ 0\ E+00$
Ⅱ	$-0.346\ 634\ 4\ E-01$　$-0.876\ 371\ 9\ E+00$　$0.145\ 803\ 9\ E-05$　$0.000\ 000\ 0\ E+00$ $-0.346\ 634\ 4\ E-01$　$0.876\ 371\ 9\ E+00$　$-0.121\ 666\ 9\ E-01$　$0.000\ 000\ 0\ E+00$ $-0.307\ 906\ 5\ E-01$　$0.000\ 000\ 0\ E+00$

续表

状 态	特 征 根
III	0.281 256 4 E－07　0.000 000 0 E＋00　－0.583 365 6 E－01　－0.175 980 8 E＋01 －0.199 566 4 E－01　0.000 000 0 E＋00　－0.583 365 6 E－01　0.175 980 8 E＋01 －0.328 288 3 E＋01　0.000 000 0 E＋00
IV	0.522 725 5 E－01　－0.462 992 7 E＋00　0.946 625 6 E－06　0.000 000 0 E＋00 0.522 725 5 E－01　0.462 992 7 E＋00　－0.726 236 1 E－01　0.000 000 0 E＋00 －0.221 236 1 E＋01　0.000 000 0 E＋00
V	－0.576 458 3 E－01　－0.167 655 3 E＋01　0.130 070 9 E－07　0.000 000 0 E＋00 －0.576 458 3 E－01　0.167 655 3 E＋01　－0.171 737 7 E－01　0.000 000 0 E＋00 －0.356 162 5 E＋01　0.000 000 0 E＋00

复习思考题

1. 叙述描述直升机的运动状态而建立的四个坐标系的定义。

2. 描述直升机运动的参数有哪些？叙述其定义。

3. 直升机在空间运动有哪几个自由度？

4. 作用在直升机上的力和力矩有哪些？写出其表达式。

5. 描述直升机的平衡状态并写出平衡方程。

6. 分别写出直升机保持悬停平衡状态和前飞平衡状态的条件。

7. 叙述直升机的动稳定性和静稳定性的定义。

8. 直升机具有纵向、横向和方向静稳定性的条件是什么？

9. 直升机的纵向静稳定性与纵向的平衡和操纵有什么关系？

10. 直升机受扰后的运动形态有哪几种？

11. 简述直升机改变旋翼拉力大小和方向的操纵方法。

12. 简述直升机的整个操纵原理。

13. 直升机稳定性和操纵性的好坏由什么因素决定？

14. 写出直升机的全状态运动方程，并说明方程线性化的意义。

15. 直升机纵向运动有哪两种运动模态？分析两种模态的物理成因和特点。

16. 直升机侧向运动的典型模态有哪些？分析各种模态的物理成因和特点。

17. 写出直升机纵向和侧向运动方程的状态空间描述。

第三章 自动驾驶仪的工作原理

自动驾驶仪是 20 世纪 30 年代才开始装机的,起初主要用以保持飞机平直飞行,减轻驾驶员的疲劳。20 世纪 40 年代它与轰炸瞄准具交联,提高了轰炸精度。第二次世界大战后,由于喷气式飞机的出现,稳定性与操纵性的兼顾出现了矛盾,这对自动驾驶仪提出了更高的要求。自动驾驶仪的功能不适应飞行控制的需要,逐步与其他系统交联发展成具有多功能的飞行控制系统。

分析自动驾驶仪的工作原理,理解其基本控制规律,是研究飞行控制系统的基础。

第一节 自动驾驶仪的基本组成与控制规律

按技术要求自动稳定飞机姿态、航向,以及辅助驾驶员控制飞机航迹的机载系统称作自动驾驶仪。

一、自动驾驶仪的基本组成

自动驾驶仪与受控对象——直升机,构成按偏差自动调节的闭环控制系统。该系统的控制器——自动驾驶仪必须具有驾驶员的各项职能:测量直升机的即时飞行状态,与所希望的飞行状态比较获得偏差信息,按一定控制规律生成控制指令驱动旋翼和尾桨,使直升机保持所希望的飞行状态。因此自动驾驶仪由给定装置、信号装置、放大元件、执行元件和反馈元件等组成。

(1)给定装置(给定元件)。给定所期望的飞行状态指令信号。一般设在驾驶仪操纵台上,是供驾驶员改变驾驶仪稳定与控制的基准。

(2)信号装置(测量元件)。用以测量直升机的飞行参数,经信号转换后,输出相应的偏差信号(反映直升机即时飞行状态相对于希望飞行状态偏差量的大小和方向)和角速度等信号。自动驾驶仪需要测量的直升机状态参数很多,如描述直升机角运动的俯仰角、倾斜角、偏航角、迎角、侧滑角以及它们的变化率和加速度等,描述直升机重心运动的飞行速度、高度及其变化率等。

(3)放大元件。用以对信号装置输出的诸信号进行综合并功率放大,满足执行元件的要求。

(4)执行元件。舵机是驾驶仪的执行元件,用以驱动旋翼和尾桨,模仿人工操纵直升机。直升机驾驶仪一般有四种舵机:俯仰舵机、倾斜舵机、方向舵机和总距舵机。

(5)反馈元件。一般受舵机带动,用以测量舵机的驱动量(输出量)。

(6)综合装置。对信号装置输出的电信号进行综合,产生综合信号后,送给驾驶仪的舵回路。

由放大器、舵机和反馈元件构成的闭环回路,称作自动驾驶仪的舵回路,如图3-1所示。舵回路能保证舵机的杆位移 d(对应自动驾驶仪的操纵量 δ)与(偏差)控制信号 U_{zon} 成一一对应的关系。

一般来说,供驾驶仪控制直升机的舵机有4种,分别控制旋翼和尾桨的4个控制量,所以相应的舵回路也有4个,分别称作俯仰舵回路、倾斜舵回路、方向舵回路和总距舵回路。

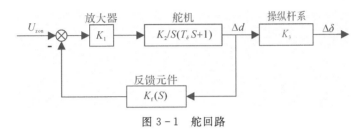

图3-1 舵回路

驾驶仪从信号的产生,经过综合放大直到舵机操纵,这样一条信号传递途径称作通道。一套完整的直升机自动驾驶仪一般由4个通道组成,分别称作俯仰通道、倾斜通道、航向通道和升降通道(总距通道)。

(1)俯仰通道——自动控制俯仰角运动;

(2)倾斜通道——自动控制倾斜角运动;

(3)航向通道——自动控制航向;

(4)升降通道——自动控制升降。

舵回路是自动驾驶的控制中枢。自动驾驶仪的控制规律由舵回路的正常工作来实现。

二、自动驾驶仪的基本控制规律

自动驾驶仪的输入信号(综合信号)与舵机输出量之间的函数关系,称作自动驾驶仪的控制规律(简称"控制规律")。由于自动驾驶仪的功用和原理不同,其控制规律各不相同;同一自动驾驶仪中,不同通道有不同的控制规律;同一通道处于不同工作状态时,控制规律也不一样。各种控制规律可归为几种基本类型。

(一)比例式控制规律

若舵机输出量与各输入信号之和成正比,则称为比例式控制规律。具有比例式控制规律的自动驾驶仪称作比例式驾驶仪。各输入信号的和就是输入舵回路的综合信号,如图3-1所示。由闭环控制原理不难知道,当舵回路反馈元件为位置反馈,输出与舵机杆位移成正比的信号时,舵机静态杆位移与综合信号成比例,实现比例式控制规律。

以纵向通道为例,其比例式驾驶仪的控制原理如图3-2所示,对应结构如图3-3所示。现在以它为例说明比例式控制规律。

图3-2中舵回路的传递函数为

$$\frac{\Delta\delta_e}{U_{\text{zon}}} = \frac{\Delta\delta_e(S)}{U_{\Delta\theta}(S)} = \frac{K_1 K_2/S(T_\delta S + 1)}{1 + [K_1 K_2 K_f/S(T_\delta S + 1)]} = \frac{K_1 K_2}{T_\delta S^2 + S + K_1 K_2 K_f} =$$

$$\frac{\dfrac{1}{K_f}}{\dfrac{T_\delta}{K_1 K_2 K_f}S^2 + \dfrac{1}{K_1 K_2 K_f}S + 1} \tag{3-1}*$$

式中,$\Delta\delta_e$——自动倾斜器纵向周期变距增量;

    K_1——放大器增益;

    K_2——舵机增益;

    K_f——舵回路反馈增益;

    T_δ——舵机时间常数;

    U_{zon}——舵回路综合输入信号。

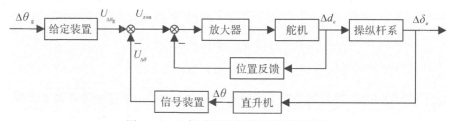

图 3-2　比例式驾驶仪俯仰通道原理图

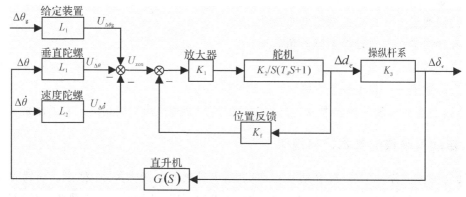

图 3-3　比例式驾驶仪俯仰通道结构图

一般 $T_\delta \ll 1$,因此当 $K_1 K_2 K_f \gg 1$ 时,式(3-1)可近似为

$$\Delta\delta_e = \frac{1}{K_f} U_{\text{zon}} \tag{3-2}$$

式(3-2)表明,位置反馈使自动倾斜器的偏转角与综合信号成正比关系,比例系数就是反馈增益 K_f 的倒数。产生比例式控制规律的根本原因是舵回路采用了位置反馈。

由于 $U_{\text{zon}} = -L_1(\Delta\theta - \Delta\theta_g)$,将其代入式(3-2),得

$$\Delta\delta_e = -L_\theta(\Delta\theta - \Delta\theta_g) \tag{3-3}$$

---

* 式(3-1)中的操纵量与角运动量前的 Δ 符号,表示相对平衡工作点状态的增量,以后类同。

式中，$\Delta\delta_e$—— 自动倾斜器纵向周期变距变化量[*]；

$\quad L_\theta = L_1/K_f$—— 俯仰信号传动比，表示单位俯仰角变化产生的自动倾斜器偏转的角度；

$\quad L_1$—— 垂直陀螺的俯仰角信号增益；

$\quad \Delta\theta_g$—— 给定俯仰角增量；

$\quad \Delta\theta$——实时俯仰角增量。

式(3-3)是比例式控制规律的基本形式，表示自动倾斜器的偏转角只与俯仰角偏差信号有关。为了改善驾驶仪的控制性能，除有这种基本信号(也叫主控信号)之外，还应有其他信号(称为辅助信号)相配合。比例式驾驶仪单通道的一般形式如图 3-4 所示。其测量元件不只一个，因而可测量多种信号。另外，还有校正环节，借以产生微分信号、积分信号或其他形式的信号，由此可得到比例式控制规律的一般形式：

$$\Delta\delta = \frac{1}{K_f}(U_1 + U_2 + U_3 + \cdots + U_n - U_g) \tag{3-4}$$

式中，$\Delta\delta$—— 舵机控制自动倾斜器或尾桨的操纵变化量；

$\quad U_1, U_2, U_3, \cdots, U_n$—— 测量元件所输出的电信号；

$\quad U_g$——给定指令信号。

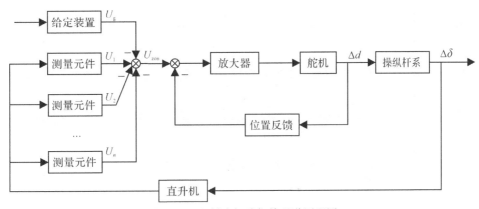

图 3-4　比例式驾驶仪单通道原理图

例如 $A\Pi-34\text{Б}$ 型自动驾驶仪，稳定状态的控制规律为

$$\left.\begin{aligned}
\Delta\delta_e &= -L_\theta\Delta\theta - L_{\dot\theta}\dot\theta \\
\Delta\delta_a &= -I_\phi\phi - I_{\dot\phi}\dot\phi \\
\Delta\delta_r &= -K_\psi\psi - K_{\dot\psi}\dot\psi \\
\Delta\delta_c &= -K_H\Delta H
\end{aligned}\right\} \tag{3-5}$$

其操纵量与控制信号成比例，为比例式驾驶仪。

(二)积分式控制规律

舵机输出量与各输入信号对时间的积分之和成正比，则称为积分式控制规律。具有积分式控制规律的自动驾驶仪称作积分式驾驶仪。当舵回路反馈元件为测速元件，输出与舵机杆位移变化速率成正比信号时，实现积分式控制规律。

---

[*]　周期变距变化量——自动倾斜器的倾角变化量，与舵机杆位移成比例，比例系数由传动机构的传动比决定。

图 3-5 所示为简单的积分式驾驶仪俯仰通道的原理图。其与图 3-2 所示的比例式驾驶仪的区别在于:反馈元件不是位移传感器,而是测速电机;反馈信号不是与自动倾斜器的偏转角成正比,而是与其偏转角速度成正比,如图 3-5 所示的积分式驾驶仪俯仰通道的基本结构可用图 3-6 表示,其舵回路的传递函数为

$$\frac{\Delta \dot{\delta}_e}{U_{zon}} = \frac{\Delta \dot{\delta}_e(S)}{U_{\Delta\theta}(S)} = \frac{K_1 K_2/(T_\delta S+1)}{1+[K_1 K_2 K_f/(T_\delta S+1)]} =$$
$$\frac{K_1 K_2}{T_\delta S+1+K_1 K_2 K_f} =$$
$$\frac{K_1 K_2/(1+K_1 K_2 K_f)}{\dfrac{T_\delta}{1+K_1 K_2 K_f}S+1} \tag{3-6}$$

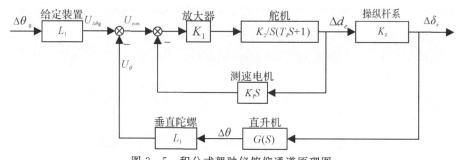

图 3-5　积分式驾驶仪俯仰通道原理图

在 $K_1 K_2 K_f \gg 1$ 时,因 $T_\delta \ll 1$,式(3-6)可近似为

$$\Delta \dot{\delta}_e = \frac{1}{K_f}U_{zon} = \frac{1}{K_f}U_{zon} \tag{3-7}$$

或

$$\Delta \delta_e = \frac{1}{K_f S}U_{zon} = \frac{1}{K_f} \cdot \frac{1}{S}U_{zon} \tag{3-8}$$

将 $U_{zon} = -L_1(\Delta\theta - \Delta\theta_g)$ 代入式(3-7)和式(3-8),得

$$\Delta \dot{\delta}_e = -L_\theta(\Delta\theta - \Delta\theta_g) \tag{3-9}$$

或

$$\Delta \delta_e = -L_\theta \int (\Delta\theta - \Delta\theta_g)dt \tag{3-10}$$

式中,$L_\theta = L_1/K_f$——俯仰角信号传动比。它表示单位俯仰角变化所产生的自动倾斜器纵向偏转角速度。

可见,自动倾斜器纵向偏转角与俯仰角偏差的积分成正比。产生积分式控制规律的根本原因是舵回路采用了测速反馈。

仅具有角位置信号的积分式驾驶仪的工作是难以稳定的。为了改善其稳定性,在引入角位置主控信号外,一般还引入一些辅助信号,如角速度、角加速度信号。这样,积分式驾驶仪俯仰通道结构一般如图 3-6 所示。

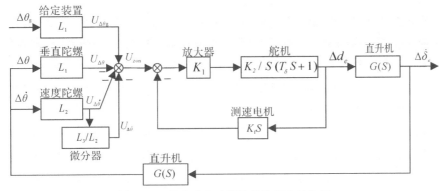

图 3-6　积分式自动驾驶仪的基本结构图

由图 3-6 可知

$$U_{zon} = -(U_{\Delta\theta} + U_{\Delta\dot{\theta}} + U_{\Delta\ddot{\theta}} - U_{\Delta\theta_g}) = -L_1(\Delta\theta - \Delta\theta_g) - L_2\Delta\dot{\theta} - L_3\Delta\ddot{\theta}$$

将其代入式(3-7)和式(3-8)可得

$$\Delta\dot{\delta}_e = -L_\theta(\Delta\theta - \Delta\theta_g) - L_{\dot{\theta}}\Delta\dot{\theta} - L_{\ddot{\theta}}\Delta\ddot{\theta} \tag{3-11}$$

或

$$\Delta\delta_e = -L_\theta\int(\Delta\theta - \Delta\theta_g)dt - L_{\dot{\theta}}\Delta\theta + L_{\ddot{\theta}}\Delta\dot{\theta} \tag{3-12}$$

式中，$L_\theta = L_1/K_f$，$L_{\dot{\theta}} = L_2/K_f$，$L_{\ddot{\theta}} = L_3/K_f$——俯仰角信号、俯仰角速度信号、俯仰角加速度信号的传动比。

式(3-11)、式(3-12)就是积分式驾驶仪俯仰通道的基本控制规律。由此可知，积分式驾驶仪单通道原理结构的一般形式如图 3-7 所示，控制律为

$$\Delta\dot{\delta}_e = -\frac{1}{K_f}(U_1 + U_2 + \cdots + U_n - U_g)$$

表示操纵量的变化速度与控制信号成比例。

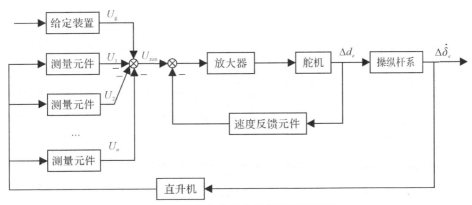

图 3-7　积分式驾驶仪单通道原理图

(三)比例加积分式控制规律

为了提高系统的稳定性和控制精度，许多驾驶仪在舵回路采用位置反馈的基础上再加上一个时间常数 T_e 很大的非周期环节 $K_f/(T_eS+1)$ 的正反馈，实现比例加积分式控制规律，如图 3-8 所示，其中 T_e 为几秒甚至十几秒。

在稳定与控制直升机角运动时，原舵回路的动态过程在 0.1 s 内。在这样短暂的时间内

舵回路的非周期环节通路还没有明显的反馈作用,可看成是断路的,故整个系统仍工作在比例式驾驶仪工作状态。当过程逐渐进入稳态后,非周期通路的正反馈量越来越大,最终正反馈量等于比例反馈通路的负反馈量。由于正、负反馈相互抵消,且舵机时间常数 T_δ 非常之小,故整个舵回路可近似为积分环节。其作用是提高角运动控制的精度。

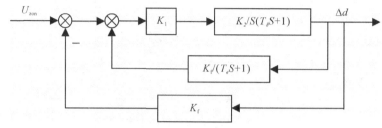

图 3-8 均衡式舵回路

由此不难求得均衡式舵回路的传递函数:

$$\Phi(S) = \frac{\Delta d}{U_{\text{zon}}} = \frac{\dfrac{1}{K_f} \cdot \dfrac{T_e S + 1}{T_e S}}{\dfrac{T_\delta}{K_1 K_2 K_3} S^2 + \dfrac{1}{K_1 K_2 K_f} S + 1} \tag{3-13}$$

一般 $T_\delta \ll 1$,因此当 $K_1 K_2 K_3 \gg 1$ 时,传递函数近似为

$$\Phi(S) = \frac{1}{K_f} \cdot \frac{T_e S + 1}{T_e S} = \frac{1}{K_f} + \frac{1}{K_f T_e S} \tag{3-14}$$

可见,操纵量由控制信号的比例加积分量决定,常把这种具有比例积分调节特性的自动驾驶仪称作比例加积分驾驶仪。

学习驾驶仪的基本原理,分析各控制信号对飞行控制特性的影响,有助于理解和掌握飞行控制律。

第二节 自动驾驶仪的基本工作原理

一、自动控制直升机纵向角运动的原理

纵向角运动是指直升机的俯仰运动。自动驾驶仪控制纵向角运动包括对俯仰角的自动稳定与操纵两个方面,下面从物理意义上说明自动控制俯仰角运动的工作原理。

(一)比例式驾驶仪控制俯仰角的原理

1.最简单的俯仰角稳定系统的分析

由上述分析知道,调节自动倾斜器纵向周期变距量以实现俯仰角控制。按偏差调节的原理,由比例式控制规律的含义不难获得自动稳定俯仰角的基本控制规律为

$$\Delta \delta_e = -L_\theta (\Delta \theta - \Delta \theta_g) = -L_\theta \Delta \theta_{\text{pc}} \tag{3-15}$$

式中,$\Delta \theta_{\text{pc}}$ ——俯仰角偏差(等于即时俯仰角与给定俯仰角的差)。

现在以直升机在悬停中稳定俯仰(见图 3-9)为例,分析比例式控制规律的控制特性。

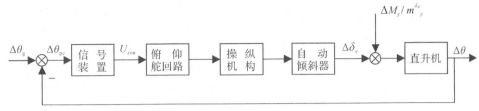

图 3-9　最简单俯仰角控制系统

驾驶员操纵直升机进入悬停平衡状态时,设外界干扰力矩 $\Delta M_y = 0$(即 $\Delta\theta = 0$),自动倾斜器处于某平衡状态($\delta_e = 0$)。

在悬停中,出现附加干扰力矩,如 $\Delta M_y > 0$,使直升机抬头,$\Delta\theta > \Delta\theta_g$,$\Delta\theta_{pc} > 0$,俯仰舵回路通过传动机构应使自动倾斜器前倾,操纵量 $\Delta\delta_e = -L_\theta\Delta\theta_{pc} < 0$,产生低头修正力矩,使直升机恢复原俯仰状态。

为便于理解,现在以如图 3-10 所示的某型驾驶仪修正直升机抬头的物理过程,进一步说明上述俯仰角稳定的原理。图中垂直陀螺是驾驶仪的信号装置(测量元件),用以测量直升机的俯仰角,并用俯仰电位计输出相应的电信号。俯仰电位计的电刷 A 由驾驶员控制,所在位置代表所希望稳定的俯仰增量角 $\Delta\theta_g$,属于驾驶仪的给定元件。电刷 B 与电阻的相对位置就反映了直升机俯仰角的大小。因此俯仰电位计就能将实际俯仰角与所期望的给定俯仰角比较,输出与俯仰角偏差($\Delta\theta - \Delta\theta_g$)成正比的电信号 $U_{\Delta\theta_{pc}}$。

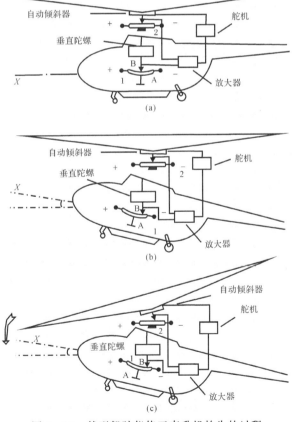

图 3-10　某型驾驶仪修正直升机抬头的过程

图中放大器、舵机和电位计2(反馈电位计)组成俯仰舵回路。由放大器接收上述俯仰角偏差信号,并经舵机、操纵助力机构驱动自动倾斜器前倾,产生低头力矩修正抬头。在舵机驱动自动倾斜器的同时,它带动反馈电位计的电刷滑动,产生相应的负反馈信号送入放大器。正是这种负反馈信号的存在,使自动倾斜器的倾角与角偏差成一一对应的关系。这样不但能保证产生足够的修正力矩,修正俯仰角偏差,而且能随着修正的继续、俯仰角偏差的减小,舵机反方向驱动自动倾斜器,使之向原初始位置恢复。直至直升机恢复给定俯仰角飞行时,自动倾斜器回到中立位置。

在上述修正过程中,由于采用高增益放大器及惯性很小的舵机,所以从俯仰角偏差信号产生,到舵机带动自动倾斜器倾斜并及时产生反馈信号平衡俯仰角偏差信号,所经历的时间与直升机运动的过渡过程时间相比可忽略不计。所以,自动倾斜器的倾角总是与一定的俯仰角偏差相对应(方向由俯仰角偏差极性决定)。在本节介绍驾驶仪调节规律时,均忽略舵回路的惯性。

由自控理论不难分析,采用比例式调节规律时,干扰作用点前无积分环节,因而对瞬时干扰作用,驾驶仪稳定俯仰角的精度高,不存在原理静差;对常值干扰作用,则存在静差。静差由修正力矩与干扰力矩的平衡确定。

当修正力矩与干扰力矩平衡时,则

$$m_{y^e}^{\delta_e} \Delta\delta_e = \Delta M_y$$

即

$$m_{y^e}^{\delta_e} L_\theta \Delta\theta_{jc} = \Delta M_y$$

则有

$$\Delta\theta_{jc} = \frac{1}{m_{y^e}^{\delta_e} L_\theta} \cdot \Delta M_y \tag{3-16}$$

式中,$\Delta\theta_{jc}$——俯仰角静差($\Delta\theta_{pc}$的稳态值);

ΔM_y——干扰力矩;

$m_{y^e}^{\delta_e}$——俯仰操纵力矩系数。

因此,气动特性一定时,俯仰静差 $\Delta\theta_{jc}$ 与俯仰角信号传动比 L_θ 成反比。

至于俯仰角控制中的动态特性,也与 L_θ 有关,某型直升机在瞬时干扰作用时,L_θ 取不同值时俯仰角的稳定过程如图 3-11 所示。不难看出:

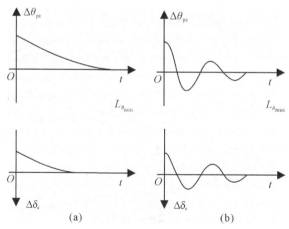

图 3-11　L_θ 取值不同时的 θ 稳定过程

(a)L_θ 较小时;(b)L_θ 较大时

（1）倾斜器的操纵量与 $\Delta\theta_{pc}$ 的变化基本一致，不能阻尼俯仰运动；

（2）L_θ 取值过大，可能影响系统的动态品质。

为了保证控制精度，选取较大 L_θ 值时，仍能使系统具有良好的动态品质，引入俯仰角速度反馈是有效的方法。

2．引入俯仰角速度信号增加系统的动态阻尼

比例式驾驶仪中引入俯仰角速度信号后，调节规律为

$$\Delta\delta_e = -L_\theta(\Delta\theta - \Delta\theta_g) - L_{\dot\theta}\Delta\dot\theta \tag{3-17}$$

自动倾斜器的纵向倾斜量 $\Delta\delta_e$ 是俯仰角偏差信号和俯仰角速度信号共同作用的结果。这无疑会改善系统的动态性能。

图 3-12 所示为上述简单俯仰稳定系统中引入角速度信号后，驾驶仪自动稳定俯仰角的基本过程。与图 3-11 相比，不难看出引入俯仰角速度信号后，自动倾斜器的操纵提前，实现了出现偏差时的快速修正，实施修正后适时回收，以免修正过头而来回反复。

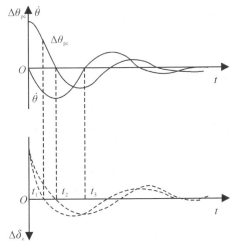

图 3-12　具有俯仰角和角速度信号的俯仰角稳定过程

由图 3-12 可见，引入俯仰角速度信号之后，自动倾斜器的动作比只有俯仰角信号时（见图中虚线）提前。在 $0 \sim t_1$ 之间，俯仰角偏差信号与俯仰角速度信号符号相反；当 $t = t_1$ 时，由于两个信号大小相等，方向相反，使自动倾斜器偏转角 $\Delta\delta_e = 0$。

$t_1 \sim t_2$ 之间，俯仰角速度大于俯仰角信号，由于二者符号仍然相反，故使自动倾斜器先向后偏转，所产生的上仰力矩有效地减小了直升机下俯的角速度，以免由于直升机的惯性而产生很大的下俯偏差；$t = t_2$ 时，直升机的俯仰角偏差 $\Delta\theta_{pc} = 0$。

$t_2 \sim t_3$ 之间，由于直升机存在着惯性依然下俯，还是出现了超调。在新的俯仰角偏差信号作用下，自动倾斜器继续向后偏转。由于这时的俯仰角信号与俯仰角速度信号极性相同，自动倾斜器向后的偏转量要比只有俯仰角信号的偏转量大，使直升机较快地向初始状态恢复。

可见，引入俯仰角速度这个辅助信号后，当直升机俯仰角 $\Delta\theta$ 接近初始值 $\Delta\theta_g$ 时，能减小直升机的俯仰速度；在超调后，能加快直升机的俯仰修正，且不仅不会产生严重的振荡，还缩短了调节时间；同时还为增大主控信号的传动比 L_θ，尽量地减小俯仰角稳态误差创造了条件（并不能彻底消除稳态误差，因而这种比例式控制系统通常又叫有差控制系统）。对于具体的自动驾驶仪来说，在使用和维修工作中，应当将主控信号的传动比 L_θ 和辅助信号的传动比 $L_{\dot\theta}$ 调整在

设计定型时给出的规定范围内 —— 标称值,否则就可能引起系统控制过于缓慢,或者出现不平稳振荡现象。

以上结论不仅适用于俯仰通道,也适用于倾斜通道和偏航通道。

(二)积分式驾驶仪控制俯仰角的原理

由积分式驾驶仪的含义知道,具有俯仰角和俯仰角速度信号控制的积分式驾驶仪的控制规律为

$$\Delta \delta_e = -\int \left[L_\theta (\Delta\theta - \Delta\theta_g) - L_{\dot\theta} \Delta \dot\theta \right] dt = -L_\theta \int \Delta\theta_{pc} dt - L_{\dot\theta} \Delta\theta_{pc} \tag{3-18}$$

与比例式驾驶仪控制规律

$$\Delta \delta_e = -L_\theta (\Delta\theta - \Delta\theta_g) - L_{\dot\theta} \Delta \dot\theta = -L_\theta \Delta\theta_{pc} - L_{\dot\theta} \Delta\dot\theta \tag{3-19}$$

相比,不难看出,在积分式控制规律中,角速度信号的控制作用 $L_{\dot\theta} \Delta\dot\theta$,相当于比例式控制规律中的角偏差控制作用 $L_\theta \Delta\theta_{pc}$。

为便于从物理意义上理解这个问题,不妨设在稳定俯仰角的积分式驾驶仪中仅采用角速度信号,即式(3-18)控制律简化为

$$\Delta \dot\delta_e = -L_{\dot\theta} \Delta \dot\theta \tag{3-20}$$

表示自动倾斜器纵向倾斜角速度与俯仰角速度成正比。于是,当直升机受干扰上仰时,角速度控制信号为正,自动倾斜器纵向倾斜角速度也为正,前倾产生低头恢复力矩,修正直升机抬头;随着修正继续,机体向原俯仰平衡状态恢复,俯仰角速度为负,自动倾斜器纵向倾斜的速度也跟着变为负,表明向原平衡状态恢复,直至低头逐渐恢复原俯仰角平衡状态,俯仰角不再变化,速度为零,自动倾斜器恢复中立平衡状态。在这一过程中,自动倾斜器纵向倾斜角速度和俯仰角速度变化曲线如图3-13所示。自动倾斜器的操纵量也跟随俯仰角的变化而变化,这与最简单的比例式驾驶仪非常相似。

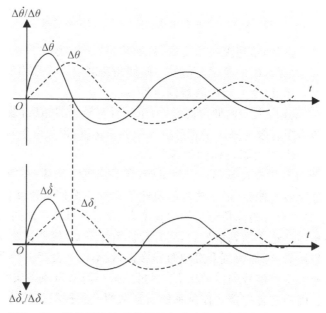

图3-13 仅采用角速度信号的积分式驾驶仪俯仰角稳定过程

由此可见,同样是角速度信号,在积分式驾驶仪中与比例式驾驶仪中所起的作用不一样。

为改善控制性能,积分式驾驶仪角位置控制的控制规律中引入角加速度量后,式(3-18)化为

$$\Delta\delta_e = -L_\theta\int(\Delta\theta - \Delta\theta_g)\mathrm{d}t - L_{\dot{\theta}}(\Delta\theta - \Delta\theta_g) - L_{\ddot{\theta}}\Delta\dot{\theta} \qquad (3-21)$$

显然,在积分式驾驶仪中,角加速度信号起阻尼作用,相当于比例式驾驶仪中的角速度信号。具体分析如下。

角位置信号的控制作用与其对时间的积分有关,它使积分式驾驶仪在角运动控制中,能消除常值干扰力矩作用下的静差。这既可从物理概念上分析,又可从理论上理解。

为简便起见,不妨暂不考虑其他信号的作用,则积分式控制规律为

$$\Delta\delta_e = -L_\theta\int\Delta\theta_{pc}\mathrm{d}t \qquad (3-22)$$

或

$$\Delta\dot{\delta}_e = -L_\theta\Delta\theta_{pc} \qquad (3-23)$$

上式两边取拉氏变换,得传递函数

$$\frac{\Delta\delta_e(S)}{\Delta\theta_{pc}(S)} = -\frac{L_\theta}{S} \qquad (3-24)$$

表明如图3-9所示俯仰角控制系统采用积分式调节规律时,干扰力矩作用点前存在一个积分环节,因此对常值干扰作用时的静差 $\Delta\theta_{jc}$ 为零。一般而言,积分式自动驾驶仪控制直升机角运动时,上述三种信号都不可缺少。如果没有角位置信号,不仅无法消除常值干扰引起的姿态角静差,而且无法稳定姿态角,无法检查直升机是否按希望的姿态飞行。如果没有角加速度信号,因直升机自然阻尼不够,无法保证系统的稳定性。

二、自动控制直升机侧向角运动的原理

(一) 自动控制滚转角的原理

自动控制滚转角的原理与控制俯仰角相似,比例式和积分式自动驾驶仪的控制规律分别为

$$\Delta\delta_a = -I_{\dot{\phi}}\Delta\dot{\phi} - I_\phi(\Delta\phi - \Delta\phi_g) \qquad (3-25)$$

$$\Delta\delta_a = -I_{\ddot{\phi}}\Delta\dot{\phi} - I_{\dot{\phi}}\Delta\dot{\phi} - I_\phi\int(\Delta\phi - \Delta\phi_g)\mathrm{d}t \qquad (3-26)$$

式中,$\Delta\delta_a$——自动倾斜器横向周期变距增量;

$\Delta\phi_g$——给定滚转角增量;

I_ϕ——滚转角传动比;

$I_{\dot{\phi}}$——滚转角速度传动比;

$I_{\ddot{\phi}}$——滚转角加速度传动比。

其控制原理特性以及各信号的作用与上述俯仰通道类似。

当给定滚转角 $\Delta\phi_g$ 大于实际滚转角 $\Delta\phi$ 时,产生正的操纵,相当于右压杆,使机体向右滚转;反之,向左滚转。

АЛ-34Б型自动驾驶仪控制滚转角的原理如图3-14所示。显然它是比例式驾驶仪,控制规律见式(3-25)。

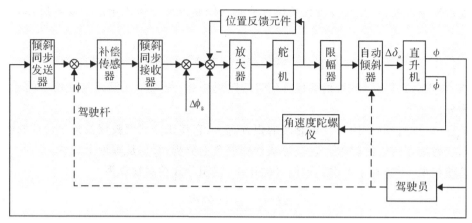

图 3-14 АЛ-34Б 驾驶仪控制滚转角的原理

(二)自动稳定航向的原理

自动稳定航向的原理与俯仰、滚转相似,由航向通道控制尾桨得以实现。比例式与积分式控制规律中各控制信号的作用也与俯仰通道完全一样,故不赘述。

比例式驾驶仪稳定航向的控制规律为

$$\Delta\delta_r = -K_{\dot\psi}\dot\psi - K_\psi(\psi - \psi_g) \tag{3-27}$$

式中,$\Delta\delta_r$——尾桨桨距增量;

ψ_g—— 给定偏航角;

K_ψ—— 偏航角到尾桨桨距的传动比;

$K_{\dot\psi}$——偏航角速度到尾桨桨距的传动比。

积分式驾驶仪稳定航向的控制规律为

$$\Delta\delta_r = -K_\psi\int(\psi - \psi_g)dt - K_{\dot\psi}\dot\psi - K_{\ddot\psi}\ddot\psi \tag{3-28}$$

式中,$K_{\ddot\psi}$——偏航角加速度到尾桨桨距的传动比。

АЛ-34Б 型自动驾驶仪自动稳定航向的原理如图 3-15 所示,控制规律见式(3-27)。

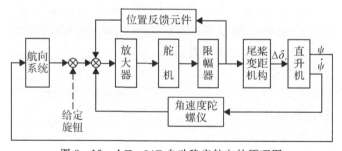

图 3-15 АЛ-34Б 自动稳定航向的原理图

直升机平直飞行等状态的航向稳定与控制,还与倾斜通道的工作状态相关。后面具体分析。

三、自动控制直升机协调转弯的原理

(一)协调转弯

直升机在水平面内连续改变飞行方向——航向,保证滚转与偏航两运动耦合影响最小,即 $\beta = 0$,并能保持飞行高度的一种机动飞行,称作协调转弯。

直升机协调转弯时,各参数之间应满足如下条件;稳态倾斜角等于常数;航向稳态角速度等于常数;稳态升降速度等于零;稳态侧滑角等于零。对一定的倾斜角和飞行速度,只有一个相应的转弯角速度可实现协调转弯。图 3-16 给出了协调转弯时直升机的受力情况,为简便起见,不妨设俯仰角为零,则由稳态协调转弯下的力学关系可得

$$\left.\begin{array}{l} T\cos\phi = mg = G \\ T\sin\phi = m\dot{\psi}u \end{array}\right\} \tag{3-29}$$

式中,T—— 旋翼拉力;

  m—— 直升机质量;

  G—— 直升机重力;

  u ——直升机前向飞行速度。

式(3-29)表明协调转弯时,在垂直方向上拉力的分力与重力平衡,保持直升机在水平面内飞行。拉力的水平分力与转弯时机体的离心力平衡,这样,直升机以恒定的转弯角速度 $\dot{\psi}$ 在水平面内作圆周运动。由式(3-29)可得协调转弯时角速度与滚转角之间的关系为

$$\dot{\psi} = \frac{g}{u}\tan\phi \tag{3-30}$$

当空速一定时,转弯角速度和滚转角近似成正比,为了加快转弯,必须增大滚转角;如果空速不同,要获得同样的转弯角速度就必须调整滚转角,才能实现无侧滑的协调转弯。

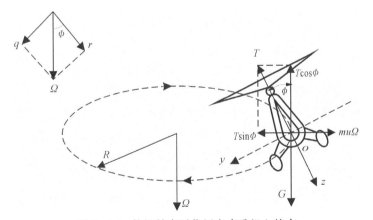

图 3-16　协调转弯时作用在直升机上的力

(二)协调转弯时自动驾驶仪的控制规律

利用驾驶仪航向和横滚两通道交联工作可实现协调转弯。因此,应将转弯指令信号分别加入横滚和航向两个通道,建立滚转角和转弯角速度;考虑到侧向加速度近似于侧滑角,所以在航向通道引入侧向加速度信号以减小侧滑。协调转弯的控制规律为

$$\left.\begin{array}{l} \Delta\dot{\delta}_a = -I_{\ddot{\phi}}\Delta\ddot{\phi} - I_{\dot{\phi}}\Delta\dot{\phi} - I_{\phi}(\Delta\phi - \Delta\phi_g) \\ \Delta\dot{\delta}_r = -K_{\ddot{\psi}}\ddot{\psi} - K_{\dot{\psi}}(\dot{\psi} - \dot{\psi}_g) - K_{\beta}\beta \end{array}\right\} \qquad (3-31)$$

式中，$\dot{\psi}_g$—— 给定偏航角速度。

对应原理结构如图 3-17 所示。

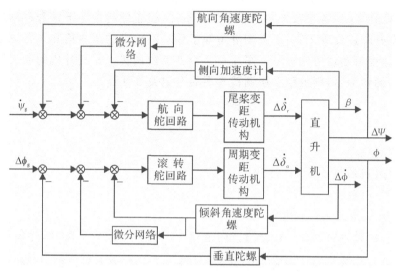

图 3-17 协调转弯原理图

当 $\Delta\phi_g$ 为正值时（右滚转），给定的偏航角速度也应为正值，并应通过调整两个通道的控制信号的传动比才能实现协调转弯。此外，虽引入 β 信号，也只能减小 β，而不能使 $\beta = 0$。

具有相互交联信号的侧向控制系统，采用比例式控制，适当调节交联信号传动比也可基本实现协调转弯。式(3-32)给出这种系统的控制律：

$$\left.\begin{array}{l} \Delta\delta_a = -I_{\dot{\phi}}\Delta\dot{\phi} - I_{\phi}(\Delta\phi - \Delta\phi_g) \\ \Delta\delta_r = -K_{\dot{\psi}}\dot{\psi} + K_{\dot{\psi}}\Delta\phi - K_{\beta}\beta \end{array}\right\} \qquad (3-32)$$

先通过旋翼建立一定的滚转角，机体滚转空速向量转动后，再给方向通道引入滚转角信号控制尾桨，使直升机纵轴跟随空速向量转动。调节侧滑信号传动比，基本上实现协调转弯。

在协调转弯时，要接通定高系统保持直升机的飞行高度。这是由于直升机机体滚转后，旋翼拉力不在铅垂平面，有效升力——拉力的垂直分力小于重力，使直升机掉高度。常用如图 3-18所示的高度补偿的方法修正协调转弯的掉高度现象。

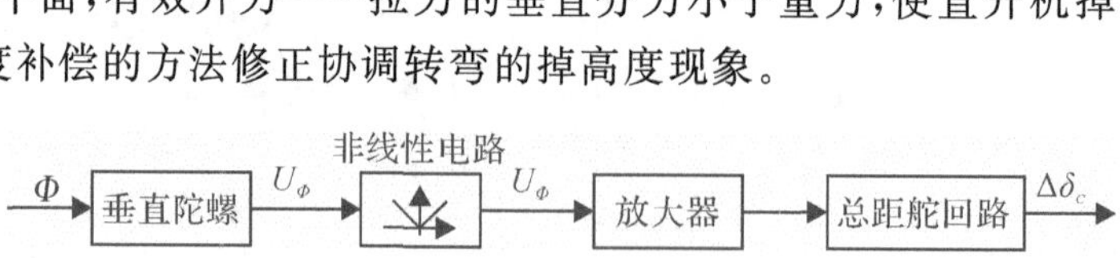

非线性电路

$$\Phi \rightarrow \boxed{\text{垂直陀螺}} \xrightarrow{U_\phi} \boxed{\nwarrow\!\!\nearrow} \xrightarrow{U_\phi} \boxed{\text{放大器}} \rightarrow \boxed{\text{总距舵回路}} \xrightarrow{\Delta\delta_c}$$

图 3-18 非线性高度补偿原理图

其原理是，直升机滚转后，由垂直陀螺测量滚转角，输出与滚转角绝对值成正比的电信号，经信号处理、放大后送给总距舵回路，通过总距舵机增大总距，进而使拉力增大，其垂直分量——有效升力增加，保持飞行高度。具有这种高度补偿的总距控制规律为

$$\Delta\delta_c = -K_{\dot{H}}\dot{H} - K_{\Delta H}\Delta H + K_\phi|\phi| \qquad (3-33)$$

式中，K_ϕ—— 高度补偿信号传动比；

　　ΔH—— 高度差；

　　$\dot H$—— 升降速度；

　　$K_{\Delta H}$—— 高度差信号传动比；

　　$K_{\dot H}$——升降速度信号传动比。

另一种高度补偿方法如图 3 - 19 所示。利用正矢信号发生器代替上述非线性电路。

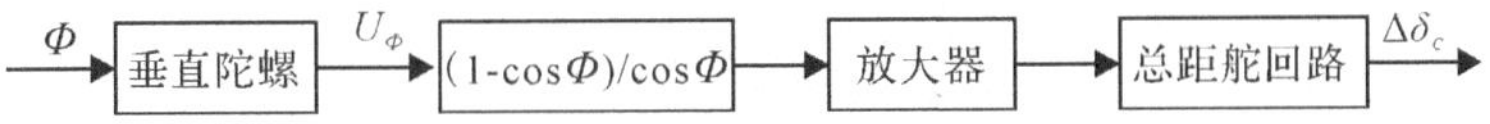

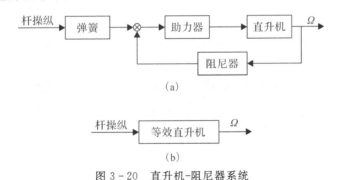

图 3 - 19　正矢信号高度补偿原理图

在转弯时，垂直陀螺测量滚转角信号，同样增大总距操纵量，补偿高度损失。相应的控制规律为

$$\Delta\delta_c = -K_{\dot H}\dot H - K_{\Delta H}\Delta H + K_\phi\left(\frac{1-\cos\phi}{\cos\phi}\right) \qquad (3-34)$$

第三节　阻尼、增稳与控制增稳系统

一、阻尼器系统

直升机的稳定性直接影响火控射击、吊声悬停的性能。为此常设置直升机的阻尼器系统，以提高直升机的角运动阻尼。阻尼器实际上是一种最简单的增稳装置，它由角速度陀螺、放大器和舵回路等组成，原理结构如图 3 - 20(a)所示；直升机与阻尼器构成的回路相当于一架阻尼比得到改善的直升机，如图 3 - 20(b)所示。

图 3 - 20　直升机-阻尼器系统

按所阻尼的通道不同，阻尼器可分为俯仰阻尼器、横滚阻尼器和偏航阻尼器。

(一)俯仰阻尼器

俯仰阻尼器用以提高直升机俯仰短周期运动的阻尼，改善直升机绕俯仰轴角运动的稳定性。

由第二章直升机稳定性分析已知，直升机在俯仰运动中的自然阻尼力矩主要由旋翼产生。

与固定翼飞机类似，如果自然阻尼不够，可引入俯仰阻尼器，由俯仰角速度控制纵向周期变距量，以进一步提高旋翼的阻尼作用。其控制规律为

$$\Delta\delta_e = -L_q q \qquad\qquad (3-35)$$

式中，L_q——俯仰角速度到自动倾斜器纵向周期变距的传动比，又称俯仰阻尼传动比。

俯仰阻尼器原理结构如图 3-21 所示。由俯仰角速度陀螺输出直升机俯仰角速度信号，经放大后供执行机构驱动操纵系统，使自动倾斜器向前或向后倾倒，产生附加阻尼力矩，提高俯仰运动的阻尼比。

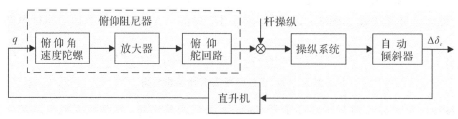

图 3-21　直升机与俯仰阻尼系统

例如，直升机抬头运动 $q > 0$ 时，自动倾斜器的附加操纵量 $\Delta\delta_e < 0$，产生附加的低头力矩，阻碍机身的抬头运动，提高纵向稳定性。

但是，当直升机稳定转弯时，机体横滚，产生绕横轴 Oy 的偏航角速度分量，$q = \Omega\sin\phi = \dot{\psi}\sin\phi$，如图 3-16 所示。它同样会被俯仰角速度陀螺测得，使俯仰阻尼器产生不必要的阻尼力矩。为了解决这个矛盾，常在角速度陀螺信号放大器中加入高通滤波器。

高通滤波器又叫洗出电路，传递函数为 $\tau S/(\tau S + 1)$。它引入后俯仰阻尼器的控制律为

$$\Delta\delta_e = -L_q \frac{\tau S}{\tau S + 1} q \qquad\qquad (3-36)$$

式中，τ——高通滤波器的时间常数。

（二）滚转阻尼器

滚转阻尼器用以提高直升机横滚运动的阻尼，改善直升机机体绕纵轴角运动的稳定性。

由第二章分析已知，直升机的滚转阻尼力矩主要来自旋翼。

直升机的滚转阻尼器结构形式与纵向阻尼器类似，如图 3-22 所示。控制规律为

$$\Delta\delta_a = -I_p p \qquad\qquad (3-37)$$

式中，I_p——滚转角速度到自动倾斜器横向周期变距的传动比，又称倾斜阻尼传动比。

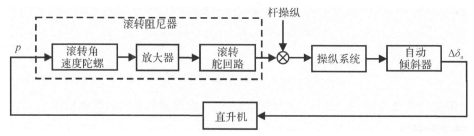

图 3-22　直升机与滚转阻尼系统

例如，直升机右滚转 $p > 0$ 时，自动倾斜器的附加操纵量 $\Delta\delta_a < 0$，产生附加的左滚转力矩，阻碍机身的右滚转运动，提高横向稳定性。

（三）偏航阻尼器

偏航阻尼器用以改善航向稳定性。

由第二章分析已知,直升机的偏航阻尼力矩主要来自尾桨。

与俯仰、横滚系统类似,偏航阻尼器可利用航向角速度陀螺,测量直升机绕机体竖轴的角速度,并输出电信号,经放大后输给舵回路,操纵助力器改变尾桨桨距,产生偏航阻尼力矩,提高直升机偏航转动的稳定性,原理结构如图 3-23 所示。

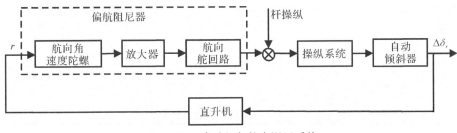

图 3-23　直升机与航向阻尼系统

偏航阻尼器的控制规律为

$$\Delta \delta_r = -K_r r \qquad (3-38)$$

式中,K_r——偏航角速度到尾桨变距的传动比,也称作偏航阻尼器的传动比。

例如,直升机右摆头 $r > 0$ 时,按此控制规律产生尾桨的附加操纵量 $\Delta \delta_r < 0$,形成绕竖轴的负力矩,阻碍机体右摆头。

与俯仰通道类似,在稳定转弯飞行中,因机体倾斜偏航角速度 $\dot{\psi}$ 在 Oz 轴上形成分量(见图 3-16)$r = \dot{\psi}\cos\phi$,同样经偏航阻尼器引起的尾桨变距为

$$\Delta \delta_r = -K_r \dot{\psi}\cos\phi \qquad (3-39)$$

这个恒定的尾桨变距在稳定转弯中能产生偏航阻尼力矩(这正是所需要的),但是也可能导致很大的侧滑角。为减小它的不利影响,偏航阻尼器与俯仰阻尼一样也引入一个高通滤波器,于是,其控制规律为

$$\Delta \delta_r = -K_r \frac{\tau S}{\tau S + 1} r \qquad (3-40)$$

式中,τ——高通滤波器的时间常数。

由于滚转和航向通道相互影响,因此在设计阻尼器时,往往要进行交联设计,以获得更好的性能。

二、增稳系统

增稳系统是在阻尼器的基础上发展起来的。阻尼比和自然振荡频率是反映飞行品质的两个基本参数。阻尼器只简单地利用直升机运动的角速度增加对短周期运动的阻尼,提高直升机的等效阻尼系数(m_x^p, m_y^q, m_z^r)。若引入加速度或迎角、侧滑角的反馈电信号,增加短周期运动的自然振荡频率,相当于提高直升机的静安定系数($m_{y^{xy}}^\alpha, m_{x'}^\beta, m_z^r$),构成增稳系统。

增稳系统也有俯仰增稳系统、横滚增稳系统和偏航增稳系统之分。下面以俯仰增稳系统为例说明增稳系统的工作原理。

例如,直升机因受扰机头上仰时,由于机身迎角变化,旋翼迎角也随之变化(见图 3-24,实线表示最初的平衡位置,虚线表示上仰后的瞬时位置)。机头的上仰使旋翼迎角由 α_{xy_0} 变为 α_{xy_1},由于旋翼迎角的变化,使飞行速度垂直于旋转平面的分量 w 在任意方位上都减小 Δw,而

使桨叶切面迎角增大（见图3-25），升力增大。由于前飞时，构造平面上的周向来流速度分布不均。前行桨叶来流速度大，升力增多，后行桨叶来流速度小，升力减小，导致桨叶平面更加后倾，产生附加的抬头力矩，直升机继续上仰，使迎角静不稳定。迎角的变化对桨盘动作的影响相当于正反馈，如图3-26中实线所示。

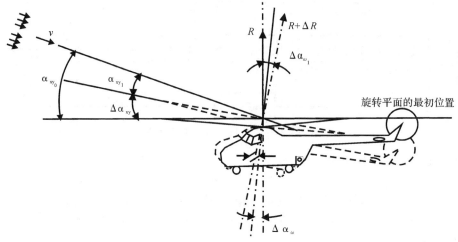

图 3-24　直升机受扰上仰时的旋翼迎角

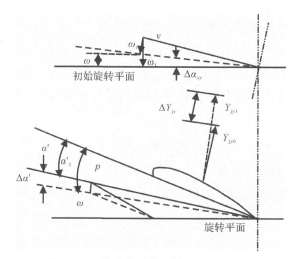

图 3-25　直升机受扰上仰后的桨叶迎角

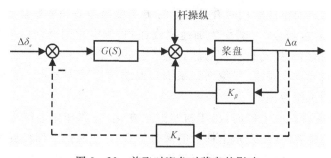

图 3-26　前飞时迎角对桨盘的影响

为消除迎角的静不稳定性,可人为地从桨盘迎角引出一负反馈量,并使之控制自动倾斜器的偏转,以提高直升机的稳定性。但是要精确测量桨盘的迎角是比较困难的,鉴于直升机的航迹角较小,俯仰角近似等于迎角,因而通常是通过测量姿态角的方法间接反映桨盘迎角的变化。因此,在阻尼器的基础上引入姿态角负反馈就构成增稳系统。譬如 BO - 105 直升机俯仰增稳系统原理如图 3 - 27 所示。俯仰角通过对俯仰角速度陀螺输出信号的积分获得,俯仰增稳控制规律为

$$\Delta \delta_e = -I_q(\frac{K_{jf}}{S} + 1)q$$

式中,I_q——俯仰角速度到纵向周期变距的传动比;

K_{jf}——积分环节的增益。

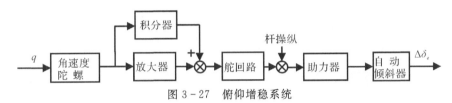

图 3 - 27　俯仰增稳系统

譬如,直 11 型直升机加装 KZW - 2 型增稳系统后,提高了角运动的稳定性。KZW - 2 型增稳系统俯仰、横滚与航向三通道的工作原理类同,如图 3 - 28 所示为俯仰通道工作原理图。工作原理是,当系统正常工作,无杆操纵时,TSZ - 6C 型角速度陀螺测量并输出直升机的俯仰角速度信号后,经前置放大后分为两路,一路经速率信号放大器放大;另一路经泄漏积分器把即时俯仰信息与记忆的 20~30 s 前的俯仰信息比较,获得俯仰角偏差信号。两路信号经综合放大器综合后通过低通滤波器等环节后,送给舵回路放大器,与俯仰舵机位置反馈信号综合输入功率放大器,以驱动舵机带动自动倾器纵向偏倾。例如,当直升机飞行中受干扰作用,如阵风干扰,则角速度信号可用于抑制俯仰角速度的变化,泄漏积分产生的姿态信息用于稳定20~30 s前的俯仰角,即角速度信号起阻尼作用,角速度积分信号起稳定作用。因此,采用泄漏积分后,驾驶员可短时松杆飞行,由增稳系统自动控制直升机。

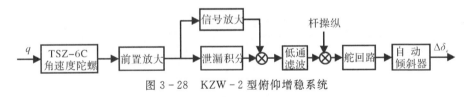

图 3 - 28　KZW - 2 型俯仰增稳系统

三、控制增稳系统

增稳系统能提高直升机的稳定性,但在一定程度上削弱了直升机的机动性,为了解决稳定性与机动性之间的矛盾,在增稳系统的基础上添加一个杆力传感器和一个指令模型,构成控制增稳系统,如图 3 - 29 所示。控制增稳系统一般由机械通道、电气通道和增稳回路等组成。驾驶员对直升机的操纵分两路输出:一路是通过机械通道使自动倾斜器倾斜;另一路是通过电气通道,即通过杆力(或杆位移)传感器产生电气指令信号输至指令模型,并在其中形成满足操纵特性要求的电信号,直接与来自增稳器的反馈信号在放大器(校正网络)输入端综合,以控制自动倾斜器倾斜。

显然,电气指令信号的极性与机械通道的操纵信号是同向的,幅值与杆力(或杆位移)成正

比,所以它们是并联的。

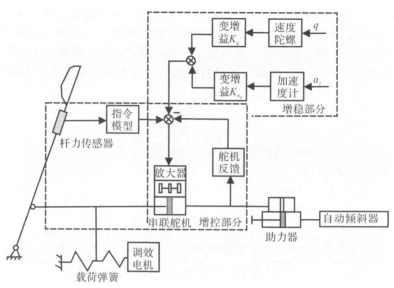

图 3-29　纵向控制增稳系统

当驾驶杆不动时,控制增稳系统的指令为零,系统只起增稳的作用。当作机动飞行时,驾驶员的操纵,一方面通过机械通道使自动倾斜器偏倾;另一方面又通过杆力传感器发出指令信号,经指令模型到放大器,与反馈信号综合后,使自动倾斜器偏倾。自动倾斜器的总偏倾角为两者之和。可见,电气指令信号使操纵量增强,因此控制增稳系统又称控制增强系统。它能兼顾稳定性和操纵性两方面的需要。

对于采用电传控制的直升机增稳与控制增稳系统,其工作原理与上述相同。

法国 SFIM 公司的 AP-155 和 AP-85 型自动驾驶仪都具有控制增稳的功能。俯仰和横滚的增稳控制规律为

$$\Delta\delta_e = -L_{\dot\theta}\Delta\dot\theta + L_{gx}\Delta l_{gx} + W(S)\cdot\Delta l_{gx} + L_{a_z}a_z$$

$$\Delta\delta_a = -I_{\dot\phi}\Delta\dot\phi + I_{gz}\Delta l_{gz}$$

式中,L_{gx}——驾驶杆至自动倾斜器纵向周期变距的传动比;

Δl_{gx}——驾驶杆前、后位移;

$W(S)$——杆力传感器信号到纵向周期变距的传递函数;

a_z——法向加速度;

I_{gz}——驾驶杆至自动倾斜器横向周期变距的传动比;

L_{a_z}——法向加速度信号到纵向周期变距的传动比;

Δl_{gz}——驾驶杆位移。

其航向通道的控制规律略有不同,为

$$\Delta\delta_r = -K_{\dot\psi}\Delta\dot\psi - K_{\psi}\Delta\phi + K_{jd}\Delta l_{jd}$$

式中,K_{jd}——脚蹬到尾桨桨距的传动比;

Δl_{jd}——脚蹬位移量。

而 AP-155 型自动驾驶仪控制增稳的控制规律为

$$\Delta\delta_r = K_{\dot\psi}\Delta\dot\psi + K_a a_y - K_{jd}\Delta l_{jd}$$

式中，a_y——侧向加速度；

　　K_a——侧向加速度信号到尾桨桨矩的传动比。

第四节　自动配平与自动回零系统

有人驾驶直升机时自动驾驶仪并不是一直处于接通状态，因此必须解决自动驾驶仪的接通与切断的问题。

接通自动驾驶仪前，通常先由驾驶员进行人工配平，通过操纵机构(驾驶杆、脚蹬和调效机构)使直升机处于某稳定状态，力矩平衡，驾驶杆承受的力也为零，即所谓"卸荷"；然后接通自动驾驶仪回零机构，使驾驶仪各通道中舵回路的综合输入信号为零；最后接通驾驶仪——使旋翼和尾桨受相应舵回路操纵，实现自动控制。由驾驶仪保持驾驶员所建立的人工配平基准状态，并在此基础上执行稳定与控制任务。下面具体介绍自动配平和自动回零系统。

一、自动配平系统

使直升机气动力矩保持平衡的自动补偿系统称作自动配平系统。飞行中，因气动力变化和重心位置改变等因素，引起直升机气动力矩不平衡时，自动配平系统能自动消除这种不平衡力矩。

自动配平系统有多种形式，但方法一样，在出现不平衡力矩时，由配平回路自动产生附加操纵力矩实现配平。

例如，H-46型直升机自动驾驶仪具有配平功能，如图3-30所示。其基本工作过程是：①自动配平断开时，电磁制动器接通，保持驾驶杆的配平位置。这时单工离合器断开，而双工离合器的"同步"部分仍然接通。这样姿态陀螺信号的任何变化将驱动电动机，使同步装置的输出为零。②自动配平接通时，电磁制动器断开。这时单工离合器接通，将电动机的运动传到驾驶杆。双工离合器的"稳定"部分接通，以抵消陀螺信号。驾驶杆以与陀螺误差信号成比例的有限速度移动，直至产生足够的气动力矩实现自动配平。

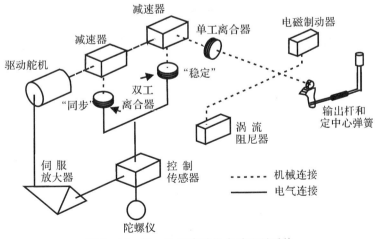

图3-30　H-46型直升机自动配平系统

二、自动回零系统

要求直升机能在一定范围的飞行姿态下接通自动驾驶仪,并在接通时保持原有飞行状态,不产生任何异常的突然动作,保证飞行安全。回零系统能使驾驶仪满足上述要求。

直升机飞行时要保持一定的飞行状态,所以驾驶仪中的敏感元件总有信号输出。此外,驾驶仪的某些元件也会有零位输出。这些原因使接通驾驶仪前,系统内会有不平衡信号。如果这时接通驾驶仪,不平衡信号将通过舵机带动自动倾斜器(或尾桨)偏转,改变原有的飞行状态,这是不希望发生的。回零就是去掉这些不平衡信号。

自动驾驶仪有两种回零方法:自动回零与人工回零。

(1)自动回零是指接入自动驾驶仪前,通过一个小型随动系统,使自动驾驶仪伺服回路输出的电压信号为零。自动回零系统的工作原理如图 3-31 所示。

由图 3-31 可见,回零机构由放大器、电动机、减速器及输出传感器组成。工作时 K_1 接通,从舵机伺服放大器中引出信号 U_1 加入回零机构,并以积分形式(由电动机来实现)通过输出传感器将信号 U_0 输给舵机放大器,最终与不平衡信号 U_{θ_0} 和 U_{δ_a} 进行综合,直到 $U_\lambda = U_0 - U_{\theta_0} - U_{\delta_a} = 0$。回零系统中含有积分环节,属 I 型系统。回零结束 $U_\lambda = 0$,保证舵机转轴以静止状态与舵面接通。回零完成后,断开 K_1,接通 K_2 和 K_3,而 U_0 不变。

回零机构有各种形式,为便于安装和调试,可将舵机的位置反馈元件安装在电磁离合器之前,如图 3-32 所示。舵机在离合器接通前就成为负反馈系统,这种回零机构只需抵消位置陀螺的基准信号 U_{θ_0}。图 3-32 中回零机构电机的反馈是测速反馈。

(2)人工回零是指在接通驾驶仪前,由驾驶员调整放大器,使其输出为零。

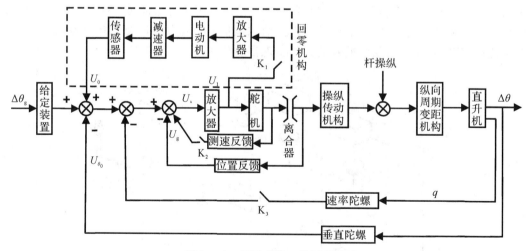

图 3-31　回零系统工作原理图

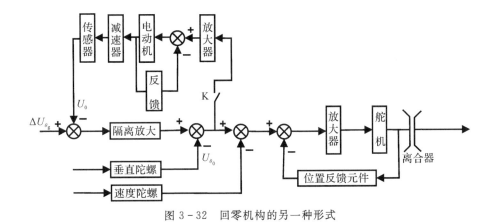

图 3 - 32　回零机构的另一种形式

第五节　舵机及其与人工操纵系统的连接方式

上述曾介绍过,人工操纵时,驾驶员通过直升机操纵系统驱动自动倾斜器和尾桨等;自动驾驶飞行时,由舵回路的执行部件——舵机驱动自动倾斜器和尾桨。因此,舵机和操纵系统间就存在着如何连接的问题。舵机与人工操纵系统的连接方法,一般有并联和串联两种形式。

一、舵机与操纵系统并联

舵机与人工操纵系统并联方式如图 3 - 33 所示。接通自动驾驶仪时,飞行员不再操纵驾驶杆,但可通过自动驾驶仪中操纵台上的旋钮发出信号,通过舵机操纵旋翼或尾桨。要直接操纵旋翼或尾桨,必须断开自动驾驶仪,使舵机断电。紧急状态下,飞行员可能来不及断开自动驾驶仪,此时只须施加较大的杆力,克服舵机中摩擦离合器的摩擦力,使离合器打滑,仍可强行操纵旋翼和尾桨。

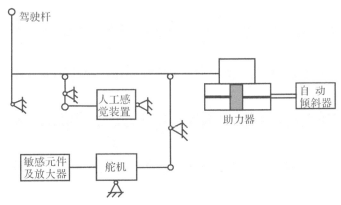

图 3 - 33　舵机与操纵系统并联

二、舵机与操纵系统串联

舵机与操纵系统的串联方式如图 3 - 34 所示。串联舵机装在驾驶杆(或脚蹬)与助力器之间。当舵机没有信号输入时,拉杆处于中立位置,这时整个舵机就如普通的传动杆。人工操纵时舵机可向前、后移动,推动助力器伺服阀使其活塞带动自动倾斜器偏转(或尾桨桨距变化)。当有信号输入时,舵机输出杆(拉杆)伸长或缩短,操纵助力器的伺服阀,而不会将其运动传递给驾驶杆(或脚蹬)。

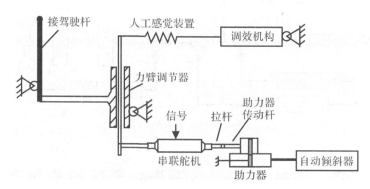

图 3-34   舵机与操纵系统串联

由于舵机与操纵系统是串联的,因此舵机无论工作与否,在结构上都要有制动力。否则当舵机不工作后,会因舵机拉杆松动,而无法进行人工操纵。另外,在断开舵机工作时,舵机输出杆可能处于某一伸长或缩短状态,这使驾驶杆(或脚蹬)的中立位置与自动倾斜器(或尾桨桨距机构)的实际中立位置就会不一致,为符合驾驶员的操纵习惯,在切除串联阻尼舵机之后,工程设计上应保证使舵机输出杆返回中立。

舵机与操纵机构串联后,当串联舵机出现故障不能回中时,不能像并联舵机那样,通过强行操纵或完全断开舵机的控制来避免事故的发生。特别是当舵机输出杆偏离中立的位移很大而被卡死时,驾驶杆(或脚蹬)可能还处在中立位置,结果造成驾驶杆(或脚蹬)的中立位置与自动倾斜器(或尾桨桨距机构)的中立位置严重失调,以致驾驶员无法进行操纵。目前常采用限制串联舵机权限的方法,应用多余度技术以保证飞行安全。

串联舵机权限的限制势必影响飞控系统的操纵性能,因此许多驾驶仪将串联舵机与大权限的并联舵机联用。联用的方法是:①与自动配平系统联用;②与并联舵机联用。

例如,超黄蜂直升机的 112SC 驾驶仪与自动配平系统联用,而海豚-2 直升机的 AP155 驾驶仪与并联作动器联用。

有限权限的串联舵机与自动配平舵机联用时,常采用大权限配平控制。串联舵机只起阻尼或增稳作用。自动配平舵机在串联舵机的位移超过权限时开始工作,一方面完成稳定与控制功能,另一方面驱动串联舵机脱离权限位置而向中立位置移动,使串联舵机常工作于中立位置附近。

有限权限的串联舵机与并联舵机联用时,串联舵机只完成阻尼和增稳功能,而并联舵机提供足够的操纵量,以适应控制直升机的需要。

某直升机串、并联舵机联用原理如图 3-35 所示。不难看出,直升机的操纵量是人工操纵、配平操纵和舵机操纵共同作用的结果。

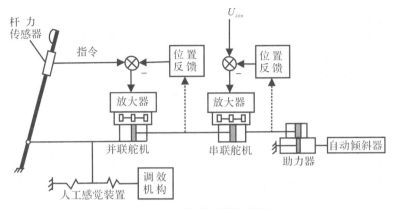

图 3 - 35　串、并联舵机联用

三、助力器

助力器是操纵系统利用外部能源(如液压源)减轻驾驶员杆力的一种装置,相当于力放大器,由控制阀和作动器两部分组成,其原理结构如图 3 - 36 所示。控制阀的阀心(柱塞)与驾驶杆相连,壳体与作动器活塞相连。当驾驶杆在中立位置,$d = 0$ 时,阀芯的工作凸肩完全遮住高压油流入控制阀的输入口,作动器的活塞处于中立位置,与活塞相连的自动倾斜器被锁住。当驾驶杆移动时,如左移,阀心随之左移,使高压油经阀体右输入口流入作动器的 B 腔,活塞两边产生压力差,推动活塞向左移动,带动自动倾斜器向相应方向倾斜。当阀体的移动量等于阀心移动量时,高压油的输入口重新被遮住,活塞停止运动,自动倾斜器偏倾角一定。因此,驾驶杆的位移与自动倾斜器的偏倾量成一一对应关系。

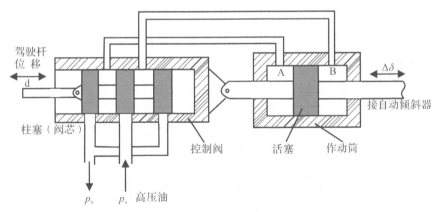

图 3 - 36　助力器工作原理图

操纵系统的每个控制通道都设置了结构类似的助力器。由助力器组成的操纵系统有两种类型:可逆助力器和不可逆助力器。现代直升机上,为避免杆力反传常采用不可逆助力操纵系统,隔离驾驶员与自动倾斜器的直接联系;为使驾驶员获得必要的操纵感觉,又采用人工感觉装置使驾驶员感受到适当的杆力。

四、典型舵机

(一)电动舵机

自动驾驶仪舵机与操纵系统的串、并联连接方式中均可采用电动舵机。不妨以海豚直升机电动舵机为例,说明串、并联电动舵机的原理结构。

(1)串联电动舵机,主要由两个直流永磁式电动机、摩擦离合器、齿轮机构、输出杆等组成,原理结构如图 3-37 所示。

当舵机放大器有信号输出时,直流永磁式电动机转动。通过摩擦离合器、齿轮机构中的蜗轮蜗杆使输出轴产生左右方向的位移。当电动机负载力矩过大,又有控制信号时,虽然产生电磁力矩使电动机输出轴转动,但由于摩擦离合器的摩擦片打滑,过大的负载不能加到电动机上,从而达到保护电动机的目的。输出轴上的电位计输出位置反馈信号。机械限动点用来限制输出杆的位移,以控制舵机的权限。

在俯仰和倾斜通道中,这种舵机采用同轴双电机结构,目的是提供必要的余度。

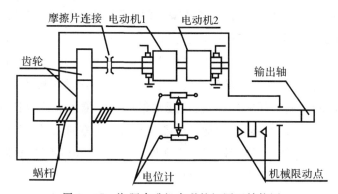

图 3-37 海豚直升机串联舵机原理结构图

(2)并联电动舵机,输出轴呈旋转运动形式,用来配平和恢复人工感力。它主要由永磁式直流电动机、电磁离合器、传动机构、力作用弹簧等组成,原理结构如图 3-38 所示。

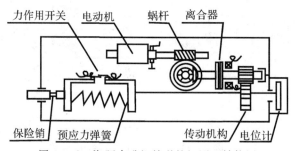

图 3-38 海豚直升机并联舵机原理结构图

配平工作时,电动机转动,通过蜗轮蜗杆、减速齿轮、电磁离合器(此时电磁离合器线圈通电)、传动机构克服由力作用弹簧预应力建立的门限值,使输出轴上的摇臂转动,带动自动倾斜器(或尾桨桨距机构)向一定方向偏转,使直升机配平。

(二)电液伺服机构与液压舵机

电液伺服机构是电气和液压联合一体的伺服机构。它综合了电气控制,液压传动及控制两者的优点,电气部分一般用作系统信号接收、放大变换、传输、反馈控制,液压部分则作为功率转换、放大和传动执行部件。电液伺服机构是实现机电一体化的重要手段,已成为当今机械传动与控制的发展方向,将广泛应用于飞行控制系统中。

液压舵机作为电液伺服机构的执行元件,像电动舵机一样,也用以控制传动部件的位移。其组成原理如图 3－39 所示。

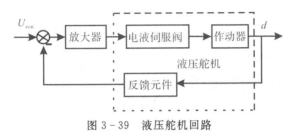

图 3－39　液压舵机回路

液压舵机伺服阀种类很多,作用均如液压助力器中的滑阀,由于它输入的是电信号,所以电液伺服阀前设有放大器,对输入的电信号进行放大,液压舵机的执行机构也是液压缸的传动活塞;由于液压舵机的反馈与比较均以电信号的形式进行,所以液压舵机常设置反馈元件,回输作动器杆位信息。因此,液压舵机一般由电液伺服阀、作动器和反馈元件等组成。

(1)电液伺服阀,又称电液信号转换装置。它将控制系统的电指令信号转换成具有一定功率的液压信号。它既是一个功率放大器,又是一个控制液体流量和方向的控制器。电液伺服阀一般包括力矩马达和液压放大器两个主要部分。

(2)作动器,又称液压筒或油缸,由筒体和运动活塞基本部分组成。活塞杆与负载相连,作动筒即是舵机的施力机构。

(3)反馈元件用来感受活塞的位移或速度变化,转换成相应的电信号,构成伺服舵回路。

液压舵机常工作于两种方式:直接式和间接式,如图 3－40 所示。

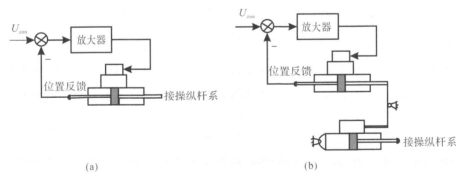

图 3－40　液压舵机工作方式示意图

(a)直接式;(b)间接式

下述先分别介绍电液伺服阀与舵机的典型结构,然后举例说明其应用。

1.电液伺服阀

在电液伺服回路中,电液伺服阀将功率很小的电信号放大并转换成液压功率输出,它的输入量是电流,输出量则是与输入成正比的阀芯位移(负载流量、压力)。

(1)组成。根据伺服阀的功能,它必须具有两个基本部分:①电气——机械转换装置,将输入电流转换成与其成比例的位移;②主控制阀,将位移转换成相应的液压量。如图3-41所示为这种最简单的电液伺服阀的原理。

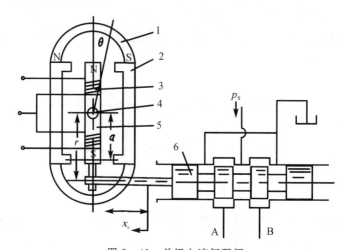

图3-41　单级电液伺服阀

1—永久磁铁;2—导磁体;3—线圈;4—转轴;5—衔铁;6—活塞

　　图中跨接在两个导磁体2上的永久磁铁1使导磁体磁化,在导磁体的两极掌间形成较强的恒定磁场。当在线圈3内通过电流时,衔铁5磁化,使其上、下端有不同的磁性。衔铁处于导磁体极掌产生的磁场内,在两磁场的作用下,衔铁受到吸力(或斥力)而绕其中心旋转。衔铁中心为一个具有一定刚度的扭轴,当衔铁受到电磁力矩与扭轴的反力矩平衡时就停止运动,故衔铁的偏转角度与线圈内的电流成一一对应关系。这样的电气-机械转换器称为力矩马达,这是一种衔铁式的力矩马达。衔铁的下端与主控制阀的阀芯连在一起。

　　在行程不大时,阀芯得到与线圈3中电流成比例的位移。在小规格的电液伺服阀或动态性能要求较低的电液比例阀中,这种单级驱动的方式就可基本满足工作要求。但由于阀芯和阀体间存在着由液压卡紧力引起的摩擦力(它几乎与工作压力和阀芯尺寸成比例),当要求伺服阀有较大的功率输出时,其工作压力及阀芯尺寸都较大,势必要求力矩马达的尺寸和产生的驱动力矩也较大。这时,受力矩马达性能的影响,电液伺服阀的静态和动态性能都不理想。因此,多数电液伺服阀中设有一个前置液压放大器,以便将力矩马达输出的力放大后再推动主阀阀芯。所以,一般电液伺服阀由电气-机械转换器、液压前置放大器和主控制阀三部分组成。

　　(2)工作原理及典型结构。目前应用较多的电液伺服阀是如图3-42所示的喷嘴挡板型力反馈式伺服阀,它由力矩马达、双喷嘴挡板、前置放大器和滑阀放大器等组成。下面以之为例介绍电液伺服阀的原理。

　　当有电流(i_1与i_2之差)输入力矩马达时,衔铁在相应的电磁力矩作用下偏转某一角度,使挡板偏离中立位置,左、右喷嘴工作腔便形成压力差,在滑阀的阀芯尚处于静止状态时,反馈杆已随挡板偏转产生变形。当阀芯在两端压力差作用下带着反馈杆端点移动时,则反馈杆继续变形。此时,反馈杆的变形使挡板部分地返回中立。当反馈杆变形产生的力矩加上弹簧管变形力矩,与力矩马达的电磁力矩相平衡时,反馈杆端点对阀芯的反作用力也与阀芯两端的压力差所施加的作用力达到平衡,阀芯停止运动,保持一定的位移量,其大小与电流的强弱相对应。阀芯位移使油路打开,输出与位移量相对应的油液流量。差动电流消失,衔铁、挡板、阀芯和反馈杆相继回到中立位置,油路关闭,停止输出流量。这样,伺服阀实现了用电流控制油液流量的目的。

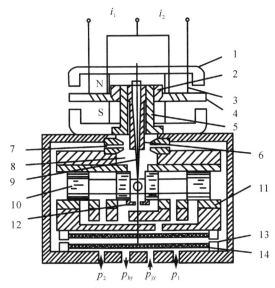

图 3-42　喷嘴挡板型力反馈式电液伺服阀

1—导磁体;2—永久磁铁;3—控制线圈;4—衔铁;5—弹簧管;6—挡板;7—喷嘴;8—溢流腔;
9—反馈杆;10—阀芯;11—阀套;12—回油节流孔;13—固定节油孔;14—油滤

从上述工作原理中不难看出,反馈杆的力反馈作用表现在以下两方面:

(1)在伺服阀的工作过程中,反馈杆变形产生的力矩,与力矩马达在控制电流作用下产生的电磁力矩相平衡;

(2)当反馈杆的变形力矩与电磁力矩相平衡时,反馈杆的变形能使挡板部分地回到中立位置,消除挡板的部分位置偏差。同时,反馈杆端点的反作用力又与阀芯的液压作用力相平衡,使阀芯停在与控制电流相对应的位置上。

伺服阀稳态工作时,由于滑阀上反馈杆作用力不大,滑阀两端压差也不大,双喷嘴挡板基本处于中立位置,因此力矩马达的力平衡基本为控制电流引起的力矩和反馈杆力矩平衡,滑阀位移与输入电流成正比。

2.液压舵机典型原理结构

液压式舵机是以高压油为能源的执行机构。它和电动舵机相比,具有功率增益大、转动惯量小、输出力矩大、运转平稳、快速性好、结构紧凑、质量轻、体积小、灵敏度高、控制功率小、承受负载大等优点,被极为广泛地应用于飞行控制系统中。

和电动舵机一样,液压舵机是控制系统的伺服执行机构,它依据控制系统的控制指令,产生相应的力和力矩,去驱动被控对象的控制机构(自动倾斜器、尾桨等)。

如图 3-43 所示是一种典型液压舵机的原理结构示意图。由图可见,电液伺服阀(力矩马达和液压放大器)、作动筒和位移反馈传感器,构成了一个紧凑的整体。作动筒的筒体就是舵机壳体,电液伺服阀壳体与作动筒紧密地连成一体,高压油路都设在壳体内。为节省空间和体积,位移反馈传感器一般安装在活塞杆的内部。

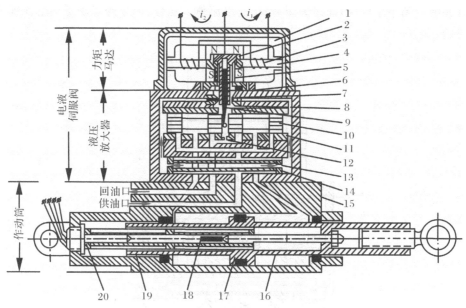

图 3-43　典型液压舵机结构原理示意图

1—导磁体；2—永久磁铁；3—控制线圈；4—衔铁；5—弹簧管；6—挡板；7—喷嘴；8—溢流腔；
9—反馈杆；10—阀芯；11—阀套；12—回油节流孔；13—固定节流孔；14—油滤；15—作动筒壳体；
16—活塞杆；17—活塞；18—铁芯；19—线圈；20—位移传感器

3. 复合交联操纵

复合舵机将液压舵机与助力器综合在一起,如图 3-44 所示。从图中看出,液压助力器通过一个摇臂联杆机构将飞行员的操纵和飞控系统的液压舵机综合在一起。它既是飞控系统的执行机构,又是人工操纵系统的助力器。它一般具有以下三种工作状态。

(1)助力工作状态:此时摇臂杆 A 点固定不动,摇臂可以绕 A 点转动。驾驶员推拉驾驶杆可使助力器的分油活门移动,通过助力器驱动自动倾斜器或尾桨偏转。

(2)自动驾驶状态:此时驾驶杆不动,即摇臂杆的 O 点不动,舵机拖动摇臂绕 O 点转动,从而带动助力器分油活门移动,使助力器工作,驱动自动倾斜器或尾桨偏转。

(3)复合工作状态:在此情况下,摇臂杆的 A 点和 O 点都在运动,则 B 点作人工驾驶和自动驾驶的综合运动,自动倾斜器或尾桨的偏转体现了人工操纵和自动驾驶的复合结果。

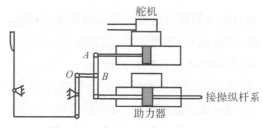

图 3-44　复合舵机的交联原理图

复习思考题

1. 叙述自动驾驶仪的基本组成和工作原理。

2. 自动驾驶仪常见的基本控制规律有哪几种？请分别写出相应控制规律的数学表达式并解释其物理含义。

3. 比例式、积分式控制规律的本质区别是什么？请画出相应控制规律的舵回路框图。

4. 分别从物理过程和控制规律两方面，叙述比例式控制规律稳定直升机俯仰角的原理。

5. 比例式控制规律稳定飞机姿态角时，角位置、角速度信号各起什么作用？改变相应的信号传动比对直升机运动会产生什么影响？

6. 积分式控制规律稳定飞机姿态角时，角位置、角速度、角加速度信号各起什么作用？改变相应的信号传动比对直升机运动会产生什么影响？

7. 推导比例式控制规律在常值干扰力矩作用下的俯仰角静差，如果存在静差，说明减小静差的方法。

8. 分别写出自动控制直升机滚转角的比例式和积分式基本控制规律，说明其控制原理，并分析各个信号的作用。

9. 分别写出自动稳定直升机航向的比例式和积分式基本控制规律，说明控制原理，并分析各个信号的作用。

10. 写出控制直升机协调转弯的基本控制规律，并说明控制规律中各个信号在控制过程中所起的作用。

11. 简述阻尼器、增稳系统、控制增稳系统的作用，说明系统设计时为何应限制增稳或控制增稳的操纵权限。

12. 简述自动配平系统和自动回零系统的作用。

13. 分析比较电动舵机和液压舵机的优缺点。

第四章 直升机的轨迹控制原理

飞行控制的最终目的是使飞行器以足够的精度保持在预定的轨迹上。轨迹运动控制回路一般是在角运动控制回路的基础上形成的,如图 4-1 所示。若飞行器偏离期望轨迹,轨迹运动控制器将根据实际轨迹与期望轨迹的偏差,生成轨迹控制指令,并将其送入角运动控制回路,通过控制飞行姿态和航向,适时地修正航迹偏差,使飞行器按期望轨迹飞行。

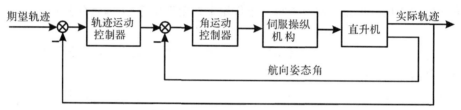

图 4-1 轨迹控制回路结构图

飞行器轨迹控制的问题比较复杂,一般根据轨迹运动的特点,从纵向和侧向两个方面进行研究。本章首先介绍直升机的纵向轨迹控制系统,包括高度的稳定与控制、速度的自动稳定原理;然后介绍侧向轨迹控制系统,说明制导系统如何实现预定的轨迹控制。

第一节 纵向轨迹控制

一、高度稳定与控制

直升机在前飞与悬停两种飞行状态下,驾驶仪应具有高度稳定与控制功能,由第三章俯仰角稳定原理可知,如当直升机受到纵向常值干扰力矩作用时,比例式驾驶仪存在俯仰角及航迹倾斜角静差,不能保持高度;积分式驾驶仪理论上无静差,但由于角位置传感器测量精度等缘故,也会存在误差,产生高度漂移。因此,飞行高度的稳定与控制不能由俯仰角的稳定与控制来完成,要设置按高度偏差自动调节的系统,修正高度偏差,解决高度稳定与控制的问题。

长期以来,自动驾驶仪的常规工作方式是把接通定高系统瞬间所在的高度作为希望值,并保持它为常数进行定高飞行。改变飞行高度时,则切断定高系统操纵直升机升降飞行。

由图 4-2 所示运动学分析可知

$$\dot{H} = V\sin\gamma \qquad\qquad (4-1)$$

式中,$\dot{H}$ ——飞行高度的变化率(升降速度);

　　 V ——空速;

　　 γ ——爬升角。

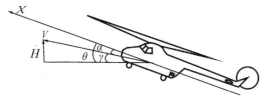

图 4-2　运动学关系几何图

由于爬升角等于俯仰角与迎角的差（$\gamma = \theta - \alpha$），且比较小，当角度无量纲化后，式（4-1）可近似为

$$\dot{H} = \frac{V}{57.3}(\theta - \alpha) \qquad (4-2)$$

式（4-2）表明不考虑垂直风速影响时，升降速度与航迹倾斜角成正比，通过调整直升机的俯仰角就能控制直升机的高度变化。因此，驾驶仪必须有测量相对给定高度偏差的装置——高度差信号装置（如大气数据系统的大气数据传感器，或无线电高度表等），将高度差信号引入俯仰角控制系统，用以调整俯仰角，控制轨迹角的变化，进而控制升降速度，修正高度偏差，使直升机回到预定的高度。在高度稳定与控制中，一般应引入升降速度信号参与调节，以改善系统的性能[*]。系统原理如图 4-3 所示，由此可知三通道自动驾驶仪稳定与控制高度的控制规律。

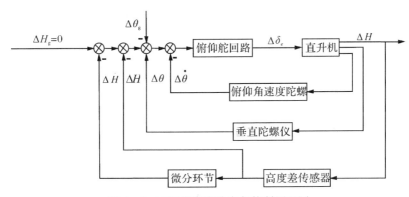

图 4-3　三通道高度稳定与控制原理图

比例式自动驾驶仪：

$$\Delta\delta_e = -L_\theta \Delta\theta_{pc} - L_{\dot\theta}\Delta\dot\theta - L_H \Delta H - L_{\dot H}\Delta\dot H \qquad (4-3)$$

积分式自动驾驶仪：

$$\Delta\delta_e = -L_\theta \Delta\theta_{pc} - L_{\dot\theta}\Delta\dot\theta - L_{\ddot\theta}\Delta\ddot\theta \quad L_H \Delta H - L_{\dot H}\Delta\dot H \qquad (4-4)$$

式中，ΔH——相对给定高度 H_g 的偏差，$\Delta H = H - H_g$，如图 4-4 所示，实际飞行高度大于给定高度时 ΔH 为正，通过高度差信号装置（传感器）可同时测量并输出高度差和升降速度信号；

　　　　L_H——高度差信号传动比；

　　　　$L_{\dot H}$——升降速度信号传动比。

---

[*]　实际应用中，可用俯仰角信号改善定高飞行时的阻尼。

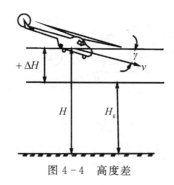

图 4-4　高度差

应当指出,只有在直升机前飞状态下,才能用三通道自动驾驶仪实现高度稳定与控制。在悬停状态,只有通过控制总距才能稳定与控制高度。习惯上将利用纵横向周期变距、尾桨和总距实现飞行控制的系统称作四通道(轴)飞行控制系统。没有设总距控制的飞行控制系统称作三通道(轴)飞行控制系统。

直升机自动驾驶仪一般都设置第四个通道——总距通道,自动操纵总距,调整拉力,实现飞行高度的稳定与控制,如图 4-5 所示。

自动驾驶仪接通定高功能后,由传感器测量直升机的高度变化,进而获得高度偏差信号,将它输入总距舵回路,使总距舵回路按所设计的调节规律,调整总距,修正直升机高度偏差。

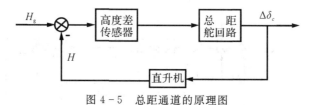

图 4-5　总距通道的原理图

测量高度的方案一般有两种:以气压膜盒测量"气压高度"和以无线电高度表测量"无线电高度"。不论采用哪种方案,其调节规律基本类似。

例如:АЛ-34Б型比例式自动驾驶仪,实现高度稳定与控制的基本调节规律为

$$\Delta\delta_c = -L_H(H - H_g) \tag{4-5}$$

为改善系统性能,可引入升降速度信号参与控制。例如,АЛ-34Б-3型自动驾驶仪定高通道的控制规律为

$$\Delta\delta_c = -L_H(H - H_g) - L_{\dot{H}}\frac{\tau S}{\tau S + 1}\dot{H} \tag{4-6}$$

式中,τ——微分网络的时间常数。

АЛ-34Б-3型自动驾驶仪定高系统的原理结构如图 4-6 所示。

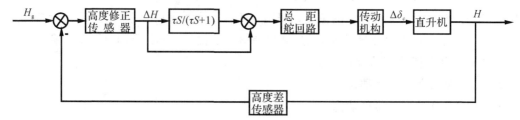

图 4-6　АЛ-34Б-3型自动驾驶仪高度通道原理图

二、速度自动稳定

直升机靠旋翼拉力的纵向分量向前飞行。旋翼拉力一定时,纵向分量的大小取决于自动倾斜器的前倾角,与俯仰角密切相关。因此直升机的前飞速度与俯仰角之间存在对应关系,如图 4 - 7 所示。俯仰角不同,旋翼的纵向分力不同,前飞速度也不同。自动驾驶仪正是根据这种关系,由俯仰通道控制直升机的俯仰角,以稳定所期望的前飞速度。其基本原理如图4 - 8所示,在俯仰角稳定的基础上,由速度传感器测量直升机的前飞速度,与给定速度比较,获得速度偏差量,并将其转换为电信号,输入俯仰舵回路,调整自动倾斜器的纵向周期变距(前倾角),改变直升机的俯仰角,稳定所期望的前飞速度。其中,稳定空速采用空速传感器;稳定地速一般采用多普勒速度传感器。

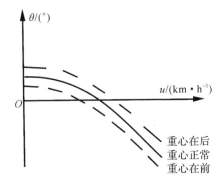

图 4 - 7 直升机俯仰角与前飞速度的关系

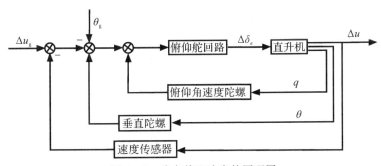

图 4 - 8 稳定前飞速度的原理图

АЛ - 34Б - 3 型自动驾驶仪采用空速传感器,稳定空速时俯仰通道的原理如图 4 - 9 所示,控制规律为

$$\Delta \delta_e = - L_\theta \theta - L_{\dot\theta} q + L_u (\Delta u - \Delta u_g) \tag{4 - 7}$$

式中,L_u ——前飞速度到纵向周期变距的传动比;

Δu_g ——前飞速度控制量;

Δu ——前飞速度增量。

控制关系是,当要求增加前飞速度,即 $\Delta u_g > \Delta u$ 时,$\Delta \delta_e < 0$,即俯仰舵回路控制周期变距使自动倾斜器前倾;反之,后倾减速。在速度稳定过程中,俯仰角等信号起阻尼作用。

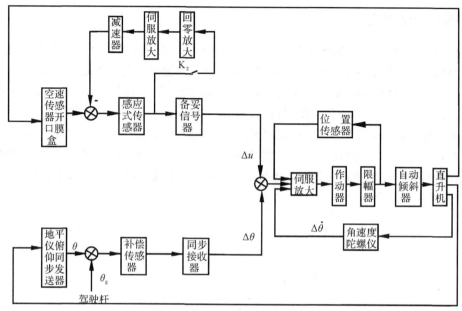

图 4 - 9　AЛ - 34Б - 3 稳定空速的原理图

法国超黄蜂直升机 112SC 型驾驶仪采用多普勒速度传感器稳定地速。其原理如图 4 - 10 所示,模态接通前,地速存储器跟踪多普勒雷达给出的纵向地速信号;当模态接通时,存储器保存接通时刻的值作为基准,与实际地速信号比较,形成偏差信号,偏差信号与纵向加速度信号一起形成控制信号,馈入自动驾驶仪的俯仰通道,通过控制俯仰姿态保持地速。驾驶员可以通过地速配平按钮微调地速基准,微调结束后,直升机将以新的地速飞行。

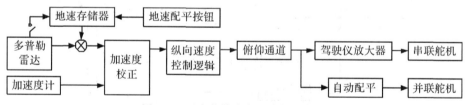

图 4 - 10　多普勒稳定地速的原理图

三、自动过渡

(一)按预定程序的自动过渡

按预定程序的自动过渡是 112SC 自动驾驶仪采用的一种控制方式。在该方式下,驾驶仪能把直升机从 50 m 左右高度的前飞过程,减速下降到预定的较低高度并悬停。当直升机在海上飞行并执行复杂任务(如海上搜救、释放吊放声呐、搜潜、攻潜等)时,飞行员需要同时完成的任务很多,为了减轻飞行员保持直升机姿态的驾驶负担,现代军用直升机上都具有自动过渡和保持悬停功能。

自动过渡是一种复杂的飞行控制过程,需要俯仰、横滚和高度三通道协同工作。在俯仰、横滚、航向和高度(气压高度)都处于稳定工作状态时,将直升机的飞行高度调整到 50 m 左右,并迎风飞行。然后,飞行员利用"预选高度"旋钮选定待悬停高度,如 25 m,并同时接通"无

线电高度""多普勒"两个功能,系统即进入自动过渡状态。其操纵程序及作用目的如下:

(1)无线电高度同步,消除该通道中的零位信号;

(2)减速并保持高度,将速度减至与高度差(实际高度减预选高度)相对应;

(3)减速同时下降高度,速度减至 5 kn(1 kn=1.852 km/h),高度降至接近预选高度;

(4)无线电高度同步,直升机依惯性下降到悬停点;

(5)无线电高度大回路同步;

(6)在预选高度上的无线电高度稳定和多普勒悬停。

图 4-11 所示为上述 6 个过程的飞行剖面图。图中 H_{qs} 为过渡前直升机的实际高度;H_{xt} 为预选的悬停高度;u 为直升机的前飞速度(地速)。

在 112SC 自动驾驶仪计算机中设置了自动过渡"程序线",直升机的前飞速度 u 与选定的高度差 $H_{qs}-H_{xt}$ 应符合一定的比例关系,此关系可用图 4-12 表示。图中"程序线以上"区域表示高度差大、前飞速度小,自动过渡可从第(1)步越过第(2)步进入第(3)步,若在"程序线以下"则必须按 6 个程序依次进行。

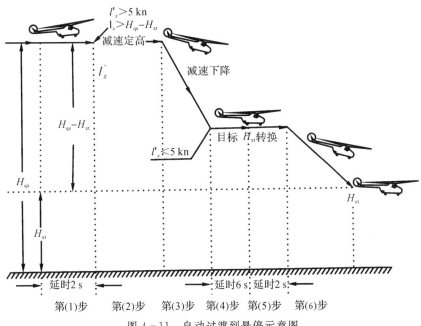

图 4-11　自动过渡到悬停示意图

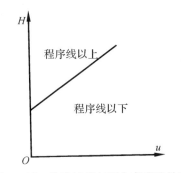

图 4-12　前飞速度与预告高度的关系

现在分别说明各个程序的工作原理。

(1)无线电高度同步。在无线电高度功能接通 2 s 内,由于延时电路的作用通道中继电器不工作,其触点 K_1、K_2 不接通,总距控制通道处于同步工作状态 —— 完成自动回零,如图 4-13 所示。图中,综合放大器、伺服放大器的直流输出被切断,交流输出与同步机构组成同步回路,经高速离合器驱动同步器转子,同步器转子的信号与高度差信号($H_{qs} - H_{xt}$)相抵消,在综合放大器输入口信号为零,系统同步,此时高度通道对直升机的高度不起控制作用。系统同步的作用是防止通道进入稳定工作时,因系统中有信号存在造成总距变化而使直升机突然运动。可见,同步器转子的信号可视为稳定高度的基准信号。

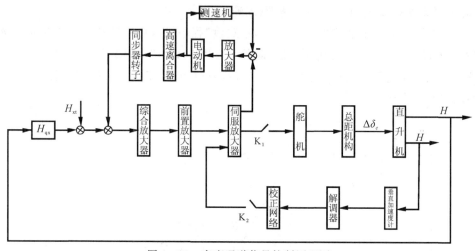

图 4-13　高度通道信号控制原理图

(2)减速并保持高度。当直升机的前飞速度较大,如 $u/(H_{qs} - H_{xt}) > u_{yd}/(H_{qs} - H_{xt})$($u$ 为实际前飞速度,u_{yd} 为程序线上预定的速度),直升机必须先减速。减速由俯仰通道的多普勒速度稳定功能通过控制直升机抬头实现。为保证安全,直升机抬头角应控制在不大于 8°。高度通道处于高度保持状态,由鉴别器(鉴别直升机前飞速度大小)将同步电机锁住。为了防止直升机因抬头减速等原因而造成的爬高,高度通道还有三路信号实行控制。

1)根据多普勒纵向速度信号的大小,由高度预控器输出控制信号给高度伺服放大器及其控制回路,以调节总距稳定飞行高度。当多普勒纵向速度大于 15 kn 时,高度预控器输出防止直升机高度升高的信号;当多普勒纵向速度等于 15 kn 时,高度预控器输出为零;当多普勒纵向速度小于 15 kn 时,高度预控器输出防止直升机高度降低的信号。至于总距杆传感器产生总距杆位置反馈信号,则是保证总距控制回输的正常工作 —— 按设计的控制规律操控总距。

2)一旦直升机的高度在原来的基础升高或降低,则 $H_{qs} - H_{xt}$ 的大小产生变化,此信号也施加给高度伺服放大器及其控制回路,以调节总距稳定飞行高度,如图 4-14 所示;

3)垂直加速度信号经解调、校正网络施加给高度伺服放大器,以保证高度控制的平稳性。

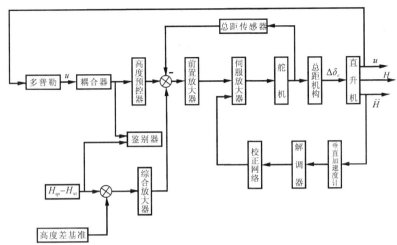

图 4-14　减速并保持高度时高度通道控制原理图

（3）减速同时下降高度。当直升机的实际速度 u 降低到与高度差相对应的预选速度相等时（由鉴别器控制），直升机开始按预定的程序减速同时降低高度。直升机的减速依然由俯仰通道多普勒功能控制直升机的仰角，按一定的速率进行减速。

下降高度时高度通道信号控制情况如下：当直升机的前飞速度到达程序线上时，鉴别器输出正相信号使同步电机开锁。此时，多普勒纵向速度信号经倒相后加给同步放大器，同步机构工作，通过低速离合器使同步器转子慢慢转动（改变基准），直升机降低高度。和第（2）步一样，垂直加速度信号经校正网络加给伺服放大器，防止直升机产生突然的垂直运动；总距杆传感器产生总距杆位置回输信号，以保证总距杆位移与控制信号成一一对应关系；高度通道信号控制原理如图 4-15 所示。

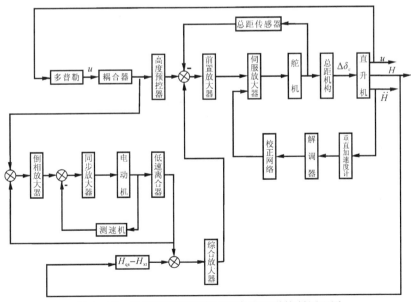

图 4-15　减速同时下降高度时高度通道控制原理图

（4）无线电高度同步。当多普勒纵向速度减至 5 kn 时，最小继电器输出信号实现下列信号转换。

1)俯仰通道中 K_{205} 继电器工作,积分线路信号改为多普勒速度信号直接加给同步放大器,慢慢改变俯仰基准。

2)高度通道中 K_1 不闭合,切断多普勒信号与同步放大器的连接,并将高度差信号加给同步放大器,同步机构中的高速离合器通电。

3)"6秒零伏延时"电路被启动。从最小继电器工作开始到"6秒零伏延时"结束,高度通道处于同步工作状态,直升机依靠惯性下降到悬停点。此时的信号控制原理如图4-16所示。

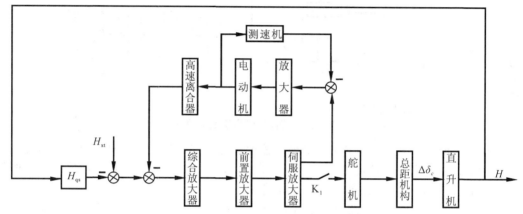

图4-16 无线电高度同步信号控制原理图

(5)无线电高度大回路同步。"6秒零伏延时"结束后,K_{811} 继电器断开,所有高度通道继电器处于不工作状态。1 s后"6秒零伏延时"电路工作结束,K_{811} 继电器重新接通。高度通道实行大回路同步,2 s后转入无线电高度稳定。信号控制原理如图4-17所示。

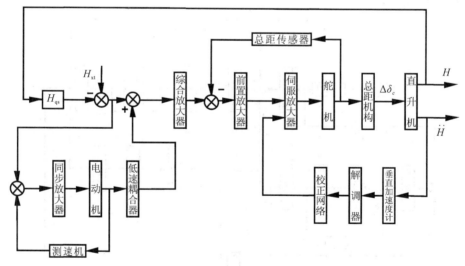

图4-17 无线电高度大回路同步信号原理图

(6)在预定高度上的无线电高度稳定和多普勒悬停。无线电高度稳定与(2)中的高度保持情况相同。多普勒悬停是采用多普勒雷达测量直升机的对地速度,输出纵向地速分量 u 和横向地速分量 v 给自动驾驶仪,控制直升机对地的纵横移动,进而保证直升机对地的精确定点悬停。

自动过渡到悬停模态的控制原理如图 4-18 所示。

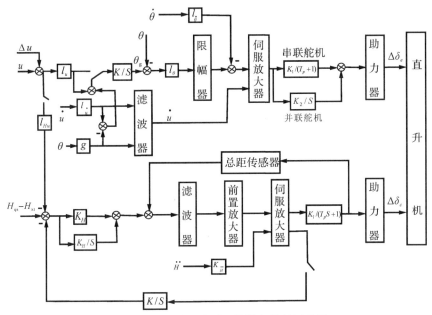

图 4-18 自动过渡到悬停模态控制原理图

控制规律如式(4-8)～式(4-10)所示。

减速下降阶段：

$$\Delta\delta_e = -L_{\dot\theta}\dot\theta - L_\theta\theta + L_u\int(u\pm\Delta u)\mathrm{d}t + L_{\dot u}\dot u \qquad (4-8)$$

$$\Delta\delta_c = -K_{\ddot H}\ddot H - K_H(H_{qs}-H_{xt}) + K_{Hu}(u\pm\Delta u) \qquad (4-9)$$

定高飞行阶段：

$$\Delta\delta_c = -K_{\ddot H}\ddot H - K_H(H_{qs}-H_{xt}) - K_{H_{jz}}\int(H_{qs}-H_{xt})\mathrm{d}t \qquad (4-10)$$

(二)无预定程序的自动过渡

按预定程序的自动过渡,轨迹是分段的,因而高度下降轨迹不平滑,而且由于程序切换条件的限制,限制了自动过渡的进入条件。现介绍英国"山猫"直升机上采用的自动过渡控制方式——无预定程序的自动过渡。

"山猫"直升机在自动过渡时,高度随时间按抛物线规律下降(见图 4-19),地速以 $-0.07g$ 线性减速。为使自动过渡更为平稳,在接近悬停高度时,改为按指数规律下降;在接近零速时,速度也改为按指数规律减速到零。飞控系统利用总距通道控制高度,利用纵向周期变距通道控制速度。

1.控制原理

假设自动过渡的初始条件为 H_{qs} 和 u_0,待悬停的高度为 H_{xt},并假定直升机由 H_{qs} 下降到 H_{xt} 的时间为 t_0,进入自动过渡的时刻为 $t=0$,则自动过渡高度的变化规律可写为

$$H = H_{qs} - \frac{1}{2}\ddot H(t-t_0)^2 \qquad (4-11)$$

式中, H ——直升机当前高度;

$\ddot H$ ——升降加速度,它为一常值,并且 $\ddot H > 0$,自动过渡高度下降时,升降速度为 $\dot H$。

则有

$$\dot{H} = \ddot{H}(t - t_0) \qquad (4-12)$$

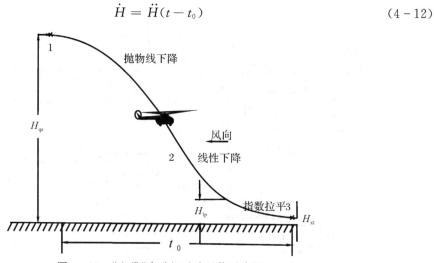

图 4 - 19 "山猫"直升机过渡悬停示意图

由式(4 - 11)和式(4 - 12),可得

$$\Delta H = \frac{\dot{H}^2}{2\ddot{H}} = H_{qs} - H \qquad (4-13)$$

由于 $\ddot{H}$ 为常值,故可令 $K^2 = 2\ddot{H}$,则式(4 - 13)可改写为

$$\dot{H} = K\sqrt{\Delta H} \qquad (4-14)$$

如果高度按式(4 - 11)的规律下降,则必满足式(4 - 14);反过来如自动过渡时高度差和该时刻的升降速度满足式(4 - 14),则高度必按式(4 - 11)的抛物线规律下降。所以可以利用式(4 - 14)来达到控制过渡悬停的目的。取误差信号 $E = K\sqrt{\Delta H} - \dot{H}$,高度控制回路如能使误差信号时刻保持为零,则直升机的高度必按抛物线规律下降。"山猫"直升机即是按此原理来实现高度控制的。

自动过渡时,直升机的地速按如下规律减速:

$$u = u_{qs} - \dot{u}_d(t - t_0) \qquad (4-15)$$

式中,u_{qs} —— 进入自动过渡时的初始地速;

　　$\dot{u}_d$ —— 期望的减加速度。

由式(4 - 15)可得地速按线性规律减速到零的时间:

$$t_{dl} = \frac{u_{qs}}{\dot{u}_d} + t_0 \qquad (4-16)$$

由式(4 - 11)可得高度下降到某一悬停高度的时间为

$$t = \sqrt{\frac{2(H_{qs} - H_{xt})}{\ddot{H}}} + t_0 \qquad (4-17)$$

为了确保直升机自动过渡时高度与速度同步下降到零,则 $t_{dl} = t$,故

$$\frac{u_{qs}}{\dot{u}_d} = \sqrt{\frac{2(H_{qs} - H_{xt})}{\ddot{H}}} \qquad (4-18)$$

取 $K = \sqrt{2\ddot{H}}$,则式(4-18)可改写为

$$K = \frac{2\dot{u}_d}{u_{qs}}\sqrt{(H_{qs} - H_{xt})} \qquad (4-19)$$

由此可见,为了达到高度与速度的同步必须满足式(4-19)。因此,在控制时,只要根据自动过渡进入的条件 u_{qs}、H_{qs} 和 H_{xt} 以及选定的减加速度值 $\dot{u}_d$,计算相应的 K 值,以调节高度下降过程,则可实现二者的同步。

当直升机的高度下降到接近悬停高度时,过渡轨迹由原高度按抛物线规律下降的轨迹改为按指数拉平的轨迹。采用的指数拉平轨迹表达式可写为

$$\Delta H = H - H_{xt} = (H_{lp} - H_{xt})e^{-\frac{t}{\tau}} \qquad (4-20)$$

式中,H_{lp} ——转入指数拉平时的起始高度;

τ ——拉平的时间常数;

H_{xt} ——悬停高度;

H ——当前高度。

由式(4-20)可得指数拉平轨迹在进入拉平时的升降加速度 $\ddot{H}$ 为

$$\ddot{H} = \frac{1}{\tau^2}(H_{lp} - H_{xt}) \qquad (4-21)$$

为了使高度轨迹由抛物线平稳过渡到指数拉平,必须使二者转换处的升降加速度相等,由此不难获得轨迹转换的条件:

$$K_H\sqrt{\Delta H} = \frac{K}{\sqrt{2}} \qquad (4-22)$$

式中,$K_H = 1/\tau$,K 值由式(4-19)求得。

综上所述,无预定程序自动过渡时,在飞控系统中引入 $K\sqrt{\Delta H} - \dot{H}$ 误差信号,并使之为零,即可实现高度按抛物线规律性下降。在下降过程中,不断地比较 $K_H\sqrt{\Delta H}$ 与 $K/\sqrt{2}$,当二者相等时,可确保平滑地转入指数拉平轨迹,通过对 K 值的计算,调节抛物线轨迹的曲率,可确保在不同进入高度与速度下,均能达到高度与速度的同步下降。"山猫"直升机即按上述控制原理,实现自动过渡。

2. 自动过渡的高度与速度控制回路

高度控制回路通过操纵旋翼的总距,控制高度的下降,如图4-20所示。为了提高控制精度,总距控制指令经比例加积分环节后给总距回路。

自动过渡时高度控制回路的配置由比较器控制的继电器来安排。比较器比较两路信号:一路为由计算的 K 值除以 $\sqrt{2}$ 后的信号;一路为 $K_H\sqrt{H - H_{qs}}$ 信号。当 $K_H\sqrt{H - H_{qs}} \geqslant K/\sqrt{2}$,继电器触点1闭合,$\Delta H$ 的二次方根信号经触点输入到乘法器,与 K 值相乘,送入限幅器综合后,经比例加积分环节输入到总距舵回路,此时总距控制规律可描述为

$$\left.\begin{array}{ll}\Delta\delta_c = (K\sqrt{\Delta H} - \dot{H})(K_1 + \dfrac{K_2}{S}) & (K\sqrt{\Delta H} \leqslant U_{\dot{H}}) \\[3mm] \Delta\delta_c = -(\dot{H}_d + \dot{H})(K_1 + \dfrac{K_2}{S}) & (K\sqrt{\Delta H} > U_{\dot{H}})\end{array}\right\} \qquad (4-23)$$

式中,$\dot{H}_d$ ——限幅器的限幅值;

K_1、K_2——增益；

$U_{\dot{H}}$——限幅器线性段的范围。

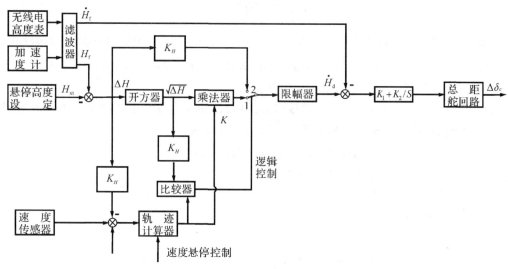

图 4 - 20　"山猫"直升机过渡悬停的原理结构图

当 $K_H\sqrt{\Delta H} < K/\sqrt{2}$ 后，继电器触点 1 断开，触点 2 闭合，ΔH 信号经增益 K_H 直接与 $\dot{H}$ 信号综合，此时总距控制规律改为

$$\Delta\delta_c = -(K_H\Delta H + \dot{H})(K_1 + \frac{K_2}{S}) \qquad (4-24)$$

式中，K_H——指数拉平时间常数的倒数。

轨迹计算不停地根据速度和高度偏差计算常数 K，当过渡悬停接通时，它便记忆 $\dot{u}_d$、u_{qs} 和 K 值，并输出 K 值供自动过渡悬停控制用。

由式(4-23)和式(4-24)可见，在进入自动过渡后，如 $K\sqrt{\Delta H}$ 值超过限幅器的线性范围 $U_{\dot{H}}$ 值后，限幅器输出常值 $\dot{H}_d$，高度控制回路实际上变成升降速度回路，控制直升机以 $\dot{H}_d$ 恒值升降速度下降。当 $K\sqrt{\Delta H}$ 值进入线性范围后，高度控制回路以 K 值为期望的升降速度，控制直升机以 $K\sqrt{\Delta H}$ 的升降速度按抛物线规律减小高度。当 $K\sqrt{\Delta H} < \sqrt{2}$ 后，由于高度控制的内回路——升降速度控制回路频带较宽，内回路可近似看成增益为 1 的比例环节，因而高度控制回路可近似为时间常数为 $1/K_u$ 的惯性环节。这样，直升机在高度控制回路的控制下，将以指数拉平轨迹下降高度，直到悬停高度。

图 4-21 为速度控制回路的原理结构。由图可见，多普勒测速装置测得的前飞速度 u_d，一路经增益放大输入到限幅器，一路经微分环节 $\tau S/(\tau S + 1)$ 微分后，获得的地速加速度信号与限幅器输出的信号综合后，经比例加积分环节输入到俯仰姿态控制回路。为了提高对 u_d 的阻尼性能，回路中俯仰角姿态信号输入到上述微分电路。为了提高地速的控制精度，采用比例加积分调节规律。其中，俯仰角信号限幅器的作用是防止接通过渡悬停状态时可能出现的过大俯仰角变化。

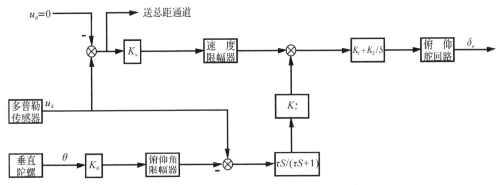

图 4-21 "山猫"直升机的速度控制回路示意图

由图不难写出速度控制回路俯仰角输入指令 θ_g 的表达式

$$\theta_g = \begin{cases} \left[K_u u_d + \dfrac{\tau S}{\tau S + 1}(u_d - K_\theta \theta) \right]\left(K_1 + \dfrac{K_2}{S} \right) & (K_u u_d < U_u) \\[3mm] \left[u_u + \dfrac{\tau S}{\tau S + 1}(u_d - K_\theta \theta) \right]\left(K_1 + \dfrac{K_2}{S} \right) & (K_u u_d \geqslant U_u) \end{cases} \tag{4-25}$$

式中，U_u——速度限幅器的限幅值；俯仰角限幅器的限幅值$\dot{u}_d = 0.07g$。

当直升机进入自动过渡后，由于地速很大，超过限幅器的线性范围，限幅器输出常值，此时的速度控制回路实际上成了加速度控制回路。在 $\dot{u}_d$ 作用下，直升机的地速以$-0.07g$ 减速。随着直升机地速 u_d 的不断减小，K_u、u_d 值逐渐降低，当 $K_u u_d < U_u (u \leqslant 5 \text{ km/h})$ 时，与上述高度控制回路相似，此时的速度控制回路可近似为时间常数等于 $1/K_u$ 的一阶惯性环节，从而使原匀减速变为按指数形式减速，直到地速为零，停在悬停点。指数规律下降的时间常数等于 $1/K_u$。

四、自动引导着陆

自动引导直升机着陆的关键设施在地面，它包括测量跑道中心线的航向信标波束（LOC）、测量机体下滑角度的下滑信标波束、测量直升机至跑道距离的信标机及能发射磁航向的 VOR 台。机上主要设置一个性能良好的耦合器，对接收的地面引导信号进行适当的转换、匹配之后输入相应的控制通道。

自动引导着陆的基本过程如下。

(1)引导到机场上空。机上设备接收地面 VOR 电台发射的引导信号，经耦合器输出的控制信号，供飞行控制系统使直升机飞至机场上空。其控制过程如图 4-22 所示。

(2)V/L 定位。利用 VOR 台将直升机引导到机场上空后，不能马上断开该信号的控制，而是延时 10 s 左右的时间后，把 VOR 台输入近 VOR 台（即定位台）。此时仅有信号输入到直升机控制系统中的横滚通道，控制直升机侧向运动使之能沿跑道中心线下滑。基本过程如图 4-23 所示。

(3)保持下滑速度。截获定位信号的同时，还要截获下滑信号、经耦合器输出的控制信号，使飞行控制系统的纵向与横向通道同时参与引导着陆，从而使直升机沿机场跑道的下滑线保持一定的下降速度向地面接近。基本过程如图 4-24 所示。

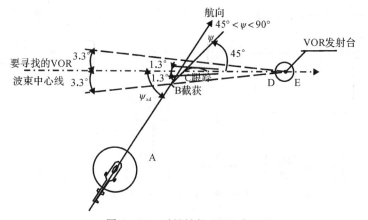

图 4-22   引导捕捉 VOR 台过程

A—截获保持转换;B—VOR 波束截获到跟踪转换 $\psi_{xd}=45°$;C—VOR 波束跟踪;

D—直升机控制 ψ_{xd} 到 E+40 s;E—E+40 s 跟踪 B/C(背台)模态

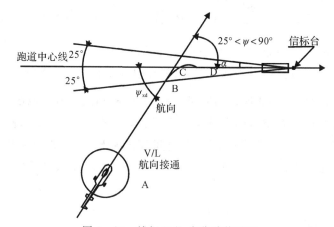

图 4-23   捕捉 V/L 定位功能过程

A—截获保持转换(HDG+LOC);B—LOC 波束截获($\psi_{xd}=25°+\alpha_{LOC}$);

C—LOC Ⅰ波束跟踪;D—LOC Ⅱ波束跟踪 G/S 模态

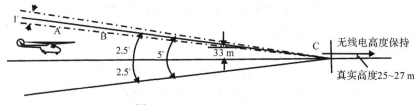

图 4-24   自动下滑线功能

五、自动复飞

直升机的自动复飞,实质上也是一个程序控制过程。它在速度控制单元中设计一个专门的复飞信号,使直升机保持某一速度进行复飞。在复飞过程中,要求控制系统的横向与航向共同起作用,保持航向不变。此状态进入前,必须断开下滑控制信号。如某型直升机设计的复飞速度为 75 kn。但由于复飞过程中,俯仰角要增大,空速减小,高度降低,为保持 75 kn 的空速,要求通场的速度为 100 kn。其过程如图 4 - 25 所示。

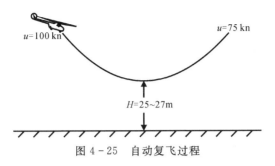

图 4 - 25 自动复飞过程

第二节 侧向轨迹控制

本节着重论述水平面内轨迹控制问题,主要介绍侧向偏离控制及侧向制导系统。

一、侧向偏离控制

侧向偏离控制的目的是使直升机按给定的航线飞行。当直升机偏离应飞航线时,可以通过控制倾斜与航向运动,使之按预定航线飞行,如图 4 - 26 所示。

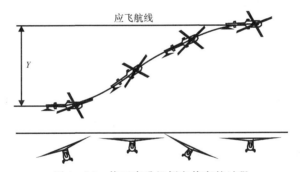

图 4 - 26 修正直升机侧向偏离的过程

直升机作为质点运动,侧向偏离可用偏航距和航迹角偏差两个基本量来描述,如图 4 - 27 所示。

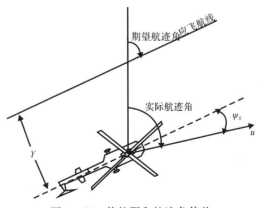

图 4 - 27 偏航距和航迹角偏差

偏航距(Y)指直升机重心到应飞航线的垂直距离。直升机在应飞航线之右,$Y > 0$;反之$Y < 0$。

航迹角偏差(Ψ_S)指应飞航线(期望航迹)与实际航迹(飞行速度方向)的夹角。

由图4-27所示几何关系可得

$$\dot{Y} = u\sin\Psi_S \approx \frac{u}{57.3}\Psi_S \tag{4-26}$$

在研究飞行器侧向轨迹控制时,假定倾斜角稳定的动态过程都是瞬时完成,并且倾斜和航向运动处于协调状态,则由式(3-30)可知

$$\dot{\Psi}_S = \frac{g}{u}\tan\phi \approx \frac{g}{u}\phi \tag{4-27}$$

由式(4-26)和式(4-27)可见,通过控制直升机运动的倾斜角,修正运动航迹就能控制侧向偏离量,最终使直升机按应飞航线飞行——保持零偏航距飞行。侧向偏离控制的原理如图4-28所示。

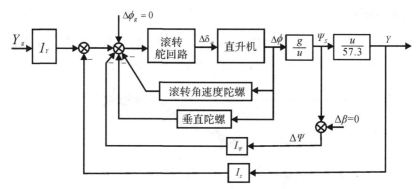

图4-28 侧向偏离控制原理框图

如采用比例式驾驶仪,系统的控制规律为

$$\left.\begin{aligned}
\Delta\delta_a &= -I_\phi\Delta\phi - I_{\dot{\phi}}\Delta\dot{\phi} - I_\Psi\Delta\Psi - I_Y(Y - Y_g) \\
\Delta\delta_r &= -K_{\dot{\Psi}}\Delta\dot{\Psi} - K_\phi\Delta\phi
\end{aligned}\right\} \tag{4-28}$$

式中,I_Y ——侧向偏离信号到横向周期变距的传动比;

I_Ψ ——偏航信号到横向周期变距的传动比。

由式(4-28)控制规律可知,侧向偏离控制是在稳定航向、保持平直飞行基础上进行的。这种控制方式的特点是,侧向偏离量控制倾斜角运动,尾桨只起阻尼与协调作用。需要时还可引入侧滑角信号,保证两通道的协调控制。当然,还有其他方式,如用尾桨改变航向修正侧向偏离,倾斜通道起协调作用。

二、侧向制导系统

(一)侧向制导系统的组成与功能

侧向制导又称自动导航,是指由飞行控制系统按照导航系统的制导参数,以一定的飞行控

制规律模仿并代替人工将直升机从起始点引导到目的地的飞行控制过程。

侧向制导系统一般由导航系统、自动驾驶仪和导航耦合器等组成,原理如图 4-29 所示。

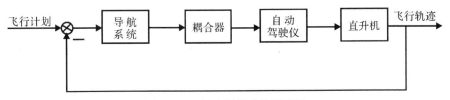

图 4-29 侧向制导系统原理图

系统主要完成如图 4-30 所示的三种功能。

(1)航线保持——直升机沿当前航线飞行中,受干扰偏离航线时,修正偏差,恢复当前航线的过程。

(2)航线转移——直升机沿当前航线飞行结束时,转为以下一航线为基准飞行的过程。

(3)航线平移——直升机沿当前航线飞行中,系统收到平移指令后,转为沿与当前航线平行的另一航线飞行的过程。平移指令一般由控显装置给出。

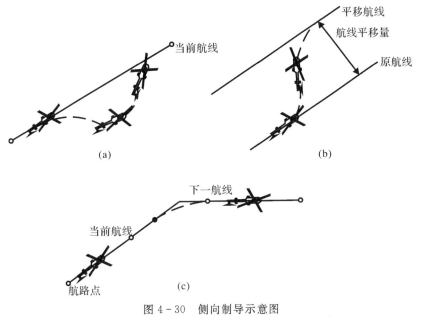

图 4-30 侧向制导示意图

(a)航线保持;(b)航线平移;(c)航线转移

(二)工作原理

侧向制导系统也是按偏差自动调节的原理,控制直升机按预定的水平飞行轨迹——计划航线飞行的。

导航系统是侧向制导系统的测量装置。驾驶员通过导航系统的控制显示器(CDU)装订各航路点数据,进而制订出飞行计划——待飞航线,作为期望轨迹存储在导航处理单元(NPU)中。

在飞行中,导航系统通过定位计算确定直升机的即时位置,并以 NPU 存储的飞行计划——期望轨迹为基准，获得偏差信息；然后按控制规律解算并输出侧向操纵信号——滚转角控制指令，经导航耦合器供自动驾驶仪控制侧向运动，修正侧向轨迹偏差，使直升机沿预定轨迹飞行，完成侧向制导功能。

自动驾驶仪接收控制指令信号，操纵横向周期变距，控制直升机作相应的倾斜运动。这时驾驶仪的倾斜通道应处于倾斜角稳定与控制状态；航向通道应处于协调转弯工作状态，以确保直升机机动转弯时无侧滑飞行。

在制导飞行过程中，导航系统不断地根据直升机的运动变化，计算直升机的即时位置和航向，以及偏离当前飞行支路的偏航距、航迹角偏差和航向偏差，并按照侧向制导控制规律，生成修正偏差的控制指令。同时，不断地计算直升机到当前飞行支路终止点的距离——待飞距离，以判定是否该捕获下一条支路，以新航迹基准计算控制指令。

如果导航系统与自动驾驶仪不匹配，还应解决导航系统与自动驾驶仪间的信号交联匹配问题。

由此可见，导航参数计算和控制规律设计是实现侧向制导的关键。

(三)导航参数计算

1. 位置计算

(1)航位推算法。从一个已知位置坐标开始，根据直升机在该位置的航向、航速和所飞过的时间推算出下一点位置的导航定位法。多普勒导航和惯导都是利用航位推算的原理确定直升机的即时位置。

如果直升机航行范围小，就可忽略地球的曲率，把地面看成一水平面。假设直升机相对地面的北、东向飞行速度分别为 v_x 和 v_y，则直升机相对地面飞过的距离，可由速度的积分求得：

$$\left.\begin{array}{l} x = x_0 + \int_0^t v_x \mathrm{d}t \\ y = y_0 + \int_0^t v_y \mathrm{d}t \end{array}\right\} \tag{4-29}$$

式中，x_0, y_0——直升机的初始位置坐标。

如果要知道直升机在地球上的经、纬度位置，可近似认为地球是半径为 R 的不旋转的球体，则

$$\left.\begin{array}{l} \lambda = \lambda_0 + \dfrac{1}{R\cos L}\int_0^t v_x \mathrm{d}t \\ L = L_0 + \dfrac{1}{R}\int_0^t v_y \mathrm{d}t \end{array}\right\} \tag{4-30}$$

式中，L_0, λ_0——初始经、纬度。

因此，航位推算的关键是如何计算直升机的地速。惯导用加速度计测直升机的北向加速度 a_x 与东向加速度 a_y，之后积分获得两地速分量：

$$\left.\begin{array}{l} v_x = v_{x_0} + \int_0^t a_x \mathrm{d}t \\ v_y = v_{y_0} + \int_0^t a_y \mathrm{d}t \end{array}\right\} \tag{4-31}$$

式中，v_{x_0}，v_{y_0}——东向和北向初始速度。

多普勒雷达可直接测量直升机的水平速度，但进行航位推算时要结合航向计算北向和东向速度分量。

（2）无线电定位法。用无线电设备定位的方法。与航位推算法比较，它不需要依赖直升机前一时刻的位置参数，由导航台发送进来的电波，经接收装置测出其电气参数后，便可测出直升机相对导航台的几何参数，从而建立若干位置线，根据两条位置线的交点确定直升机的即时位置。

常用的位置线有直线、圆和双曲线等。两条位置线之间的夹角称为位置线交角。若位置线误差一定，位置线交角为直角时，定位误差最小。

（3）星基无线电导航系统。由于人造卫星能严格地沿着已知轨道有规律地运动，并能以极高的精度计算出任何瞬间卫星在其轨道上的位置，因而，如将导航台（站）设置在卫星上，便构成了以卫星为基地的星基无线电导航系统。

星基无线电导航系统是无源测距系统，通过伪距测量进行定位解算。用户通过同时接收卫星发射的信号和本地的参数信号，测量传播延时，测算卫星与用户之间的距离。用户接收器通过同时得到的四颗卫星的距离——伪距，可解算出自身的空间位置，进而获得相关的导航信息。

GPS 和 GLONASS 分别是由美国和俄罗斯（苏联）发展起来的军、民合用卫星导航系统，具有全球覆盖、全天候、高精度、准实时、容量大等优点，在世界范围的航空、航天、航海和陆地导航、授时等领域得到了广泛应用。此外，由欧盟建立的 GALILEO 卫星导航系统截至 2016 年底发射了 18 颗工作卫星（全部 30 颗卫星），具备了早期操作能力，并计划于 2019 年具备完全操作能力。而由我国自行设计的北斗卫星导航系统（BDS），目前已成功发射 45 颗导航卫星，届时将在全球范围内全天候、全天时为各类用户提供高精度、高可靠定位、导航与授时服务，并具有短报文通信能力。

2.地速计算

惯导和多普勒导航都能直接计算直升机当前速度。惯导中的加速度计测得的直升机运动的加速度经一次积分后便可获得速度信号；多普勒测速雷达可直接计量直升机运动的三轴速度信息。

VOR/DME 和 GPS 导航可根据计算的即时位置变化解算速度。如图 4-31 所示，假设直升机在某一时刻的当前位置（在水平面上的坐标值）为（x_1，y_1），经 Δt 时刻后直升机的位置移动到坐标（x_2，y_2），则直升机的平均地速值在沿北向 Ox_0 轴和沿东向 Oy_0 轴上的分量 v_{dx} 和 v_{dy} 分别为

$$\left.\begin{aligned} v_{dx} &= \frac{x_2 - x_1}{\Delta t} \\ v_{dy} &= \frac{y_2 - y_1}{\Delta t} \end{aligned}\right\} \tag{4-32}$$

直升机的平均地速 v_d 值为

$$v_{\mathrm{d}} = \sqrt{v_{\mathrm{d}x}^2 + v_{\mathrm{d}y}^2} \qquad\qquad (4-33)$$

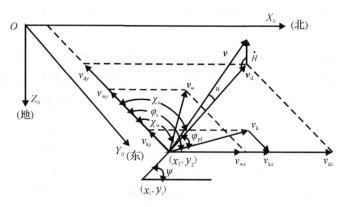

图 4-31 速度与风速计算

3. 航迹角计算

根据水平地速两分量 $v_{\mathrm{d}x}$ 和 $v_{\mathrm{d}y}$ 即可得航迹角

$$\chi = \arctan \frac{v_{\mathrm{d}x}}{v_{\mathrm{d}y}} \qquad\qquad (4-34)$$

4. 偏流角计算

由直升机真航向 φ_{t} 与航迹方位角可求得偏流角

$$\varphi_{\mathrm{pl}} = \varphi_{\mathrm{t}} - \chi \qquad\qquad (4-35)$$

5. 风速计算

根据大气数据系统提供的真空速 v_{k}、上述计算得到的地速 v_{d}，以及直升机的真航向，即可计算风速 v_{w}：

$$\boldsymbol{v}_{\mathrm{w}} = \boldsymbol{v}_{\mathrm{d}} - \boldsymbol{v}_{\mathrm{k}} \qquad\qquad (4-36)$$

式中　　$\boldsymbol{v}_{\mathrm{w}}$ —— 风速向量；

　　　　$\boldsymbol{v}_{\mathrm{d}}$ —— 地速向量；

　　　　$\boldsymbol{v}_{\mathrm{k}}$ —— 空速向量。

因此，风速在 Ox_0 和 Oy_0 轴上的分量 $v_{\mathrm{w}x}$ 和 $v_{\mathrm{w}y}$ 为

$$\left. \begin{array}{l} v_{\mathrm{w}x} = v_{\mathrm{d}} \sin\chi_s - v_{\mathrm{k}} \sin\varphi_{\mathrm{t}} \\ v_{\mathrm{w}y} = v_{\mathrm{d}} \cos\chi_s - v_{\mathrm{k}} \cos\varphi_{\mathrm{t}} \end{array} \right\} \qquad\qquad (4-37)$$

风速值 v_{w} 则为

$$v_{\mathrm{w}} = \sqrt{v_{\mathrm{w}x}^2 + v_{\mathrm{w}y}^2} \qquad\qquad (4-38)$$

风向 χ_{w} 为

$$\chi_{\mathrm{w}} = \arctan \frac{v_{\mathrm{w}x}}{v_{\mathrm{w}y}} \qquad\qquad (4-39)$$

按照上述计算公式求得的即时位置、速度和风速值等，不是最优估计值。因此在导航计算应用中，都广泛地采用了滤波技术，以保证导航解算的准确性。

(四)侧向制导参数计算

1. 偏航距计算

当前航线是(x_{i-1},y_{i-1})与(x_i,y_i)两航路点的连线,连线的直线方程为

$$\frac{y-y_{i-1}}{y_i-y_{i-1}}=\frac{x-x_{i-1}}{x_i-x_{i-1}} \tag{4-40}$$

令

$$m=x_i-x_{i-1}\ ,\ n=y_i-y_{i-1} \tag{4-41}$$

则

$$\frac{y-y_{i-1}}{n}=\frac{x-x_{i-1}}{m} \tag{4-42}$$

令直升机的即时位置坐标为(x_0,y_0),则偏航距Y为

$$Y=-\frac{\begin{vmatrix} x_0-x_{i-1} & y_0-y_{i-1} \\ m & n \end{vmatrix}}{\sqrt{m^2+n^2}} \tag{4-43}$$

2. 待飞距离计算

根据直线的两点距离公式可得待飞距离

$$D_{df}=\sqrt{(x_0-x_i)^2+(y_0-y_i)^2} \tag{4-44}$$

3. 待飞时间计算

待飞距离与地速之比即可算得待飞时间

$$T_{df}=\frac{D_{df}}{v_d} \tag{4-45}$$

4. 期望航迹角计算

$$\chi_{qw}=\arctan\frac{y_i-y_{i-1}}{x_i-x_{i-1}} \tag{4-46}$$

5. 航迹角偏差计算

$$\chi_{pc}=\chi_{qw}-\chi \tag{4-47}$$

侧向操纵指令应根据上述相关制导参数的计算结果,按所设计的控制规律计算。

(五)侧向制导的控制规律

根据不同要求,侧向制导采用不同的控制方式。有航向要求的,则采用航向控制方式,使直升机沿给定的航向飞行;有轨迹要求的,则采用轨迹控制方式,使直升机沿预定轨迹飞行。这里主要讨论轨迹控制。

由理论分析可知,侧向制导应通过控制直升机的倾斜运动得以实现,控制指令——侧向操纵指令由导航系统提供。侧向操纵指令中的主控制信号必须是偏航距,才能实现按偏差自动调节的闭环控制;但是,由制导回路分析可知,还必须引入航迹角偏差信号,所以侧向操纵指令一般应为

$$\phi_g = -K_1 Y - K_2 v_d \chi_{pc} \qquad (4-48)$$

式中，ϕ_g——自动修正航线偏差，控制直升机运动的倾斜角指令；

Y——偏航距；

v_d——飞行地速；

χ_{pc}——航迹角偏差；

K_1、K_2——系数。

目前引进的导航系统基本是按上式设计的，在航线转移——转弯过程中解算侧向操纵指令都是以下一航线为基准轨迹的；按这种控制规律计算的操纵指令使直升机按预定航段飞行，实现航线保持时比较理想，而当捕获下一航线，实现航线转移时会出现超调。

在现代飞管系统中，对转移过程中的"基准"进行了优化，不立即以下一航段为基准，而以转移点处与当前航段和下一航段相切的圆弧为基准，如图 4-32 所示；按式（4-49）所述轨迹控制规律进行航线转移，转移结束后再转为式（4-48）所示直线轨迹控制。这无疑改善了航线转移的性能，使转移过程更加平滑，性能更优，飞行路线最短。

$$\phi_g = \phi_c = -K_1 Y - K_2 v_d \chi_{pc} \qquad (4-49)$$

式中，ϕ_c——航线转移中的直升机倾斜角控制量。它是经过优化推算的，用于使直升机沿与两条航线相切的圆弧实现航线转移。

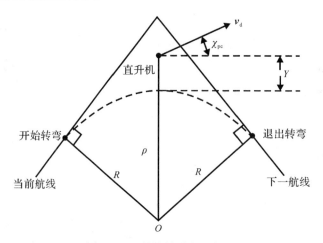

图 4-32　轨迹转移的几何图

在轨迹控制中引入 Y 和 χ_{pc} 偏差信号 —— 相对于圆弧轨迹的偏差，使直升机受到干扰后仍能回到圆弧段轨迹上。但是，轨迹控制时的 Y 与 χ_{pc} 的含义与轨迹保持时不同，是直升机当前位置到垂直于圆弧段轨迹上的一段距离，即以直升机即时位置到圆心的距离 ρ 与转弯半径 R 的差值；χ_{pc} 则是速度向量 v_d 与直升机即时位置与圆心连线与圆弧段相交该点的切线的交角。轨迹保持或轨迹控制采用的侧向控制规律中，Y 偏差信号起稳定作用，以消除侧向偏差；χ_{pc} 偏差信号起阻尼作用，在侧向制导中使直升机受干扰作用后能平稳地纠偏，这一信号非常重要，必须引入，否则侧向制导回路将不稳定。

三、侧向速度控制

侧向速度控制的基本原理是,利用侧向速度偏差在倾斜角稳定的基础上构成闭环系统,控制自动倾斜器的横向周期变距修正侧向速度偏差,如图 4-33 所示。

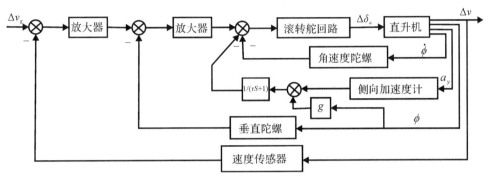

图 4-33 侧向速度控制原理图

控制规律为

$$\Delta\delta_a = -K_{\dot{\phi}}\Delta\dot{\phi} - K_{\phi}\Delta\phi - K_v(\Delta v - \Delta v_g) + K_y(\Delta a_y + g\Delta\phi)\frac{1}{\tau S + 1} \qquad (4-50)$$

式中,Δa_y ——侧向加速度增量;

  K_y ——侧向加速度传动比;

  v_g ——期望侧向速度。

其中 $g\Delta\phi$ 项以补偿加速度计感受重力分量的影响,平滑滤波器 $1/(\tau S + 1)$ 以平滑侧向加速度的输出信号,滤去其中高频噪声。

复习思考题

1.分别叙述比例式和积分式控制规律稳定飞机高度的控制原理,并画出相应的系统结构图。

2.分析在稳定高度过程中各个信号的作用。

3.试用自动控制原理说明为何比例式和积分式控制高度的精度存在异同。

4.写出自动稳定前飞速度的基本控制规律,说明其控制原理。

5.说明直升机实现自动过渡的控制流程及各阶段相应信号的控制原理。

6.简述直升机实现自动引导着陆的基本过程。

7.写出直升机实现侧向偏离控制的比例式控制规律,说明控制原理,并分析各个信号的作用。

8.画出直升机侧向制导系统的原理结构图,并分析其工作原理。

9.写出侧向制导的控制规律并分析各信号的作用。

第五章 现代飞行控制技术

电传操纵、光传操纵是实现侧杆控制和主动控制的基础。本章将简要介绍这方面的内容。

第一节 电传操纵系统

一、概述

操纵系统是保证飞行安全,实现各种飞行控制功能的重要系统。直至 20 世纪 80 年代,直升机上还一直沿用拉杆摇臂、钢索鼓轮传动的机械操纵系统。为解决稳定性与操纵性之间的矛盾、提高飞行性能,在机械操纵系统的基础上发展了控制增稳系统,如图 5-1 所示,其中双液压系统的采用可保证系统在单故障下的可控性。由于直升机既受驾驶杆的机械操纵指令控制,又受控制增稳系统产生的指令控制,为提高操纵安全性,控制增稳系统采用有限权限的电液伺服阀,以限制其操纵权限。

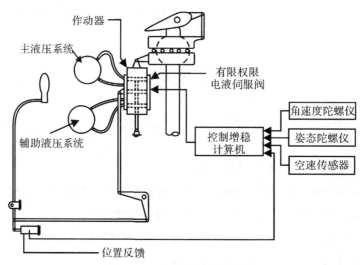

图 5-1 机械控制增稳系统

然而,随着飞行性能的不断提高,特别是增稳与控制增稳技术的运用,机械操纵系统出现了许多难以克服的缺点。例如:

(1)体积、质量很大(大型直升机更是如此);

(2)不可避免地存在一系列非线性特性,如由于摩擦力和传动间隙产生的迟滞环等,造成系统自振;

（3）容易传递机体弹性振动引起的杆偏移，甚至会造成人机诱发振荡；

（4）机械操纵系统与飞行控制系统，特别是力臂调节器与控制增稳系统，在安装位置与工作协调上常常会出现矛盾。

于是，出现了由电信号传递指令的、与控制增稳系统融为一体的新型操纵系统——电传操纵系统（Fly-by-Wire，FBW），以取代机械操纵增稳系统。

所谓电传操纵系统，就是将控制增稳系统中的机械操纵传动部分完全取消，飞行员利用控制增稳系统的操纵指令，完全以电信号的形式实现对直升机的控制，并采用多余度技术来提高系统的可靠性，如图 5-2 所示。从图中可以看出，电传操纵系统是全时、全权限的"电信号系统＋控制增稳"的飞行操纵系统。

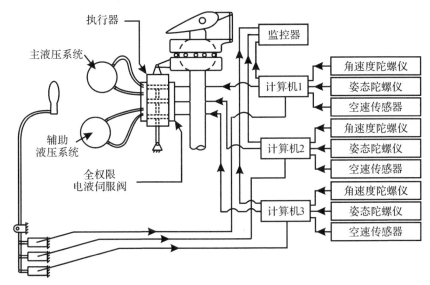

图 5-2　电传操纵系统

与机械操纵系统相比，电传操纵系统具有以下优点。

（1）减轻了飞机质量。例如 UH-60A 直升机的电传操纵系统相对机械操纵系统质量减轻了 36.3 kg。

（2）改善了座舱布局。例如采用侧杆操纵，改善了仪表板的视角，方便了操纵系统的敷设，在传动装置周围的密集区可以避开为控制旋翼作动器所必要的联动装置。

（3）消除了机械传动不足。采用电传操纵系统，消除了机械操纵系统（联动机构）中的空行程、滞后和摩擦，避免了这些非线性因素引起的自振等反常现象。

（4）提高了生存力。电传操纵系统采用多余度技术，信号电缆可在机身内分散布置，提高了被小口径弹道武器攻击时的生存机会。例如 UH-60A 直升机的电传操纵系统对多种武器攻击的生存概率提高了 3.6 倍以上。

（5）提高了可靠性。采用多余度技术后，电传操纵的直升机飞行安全可靠性比机械操纵的直升机提高了 5.5 倍。典型的电传操纵系统应具有二次故障工作能力，可对联动机构的完好性进行连续监控，并具备周期性机内自检、故障检查的监控能力。例如 UH-60A 直升机整个系统，包括驾驶舱控制器和电源，完成 2 h 任务不失掉功能的概率为 0.999 995。

（6）优化了整机性能。为使直升机既具有良好的机动性，又不牺牲稳定性，就必须为静不稳定的直升机增设一种高权限、高增益增稳系统,用以提高人工操纵的稳定性。由电传操纵系统来实现这种人工增稳是有利的,如 UH-60A、PAH-2、SA365M 及 347 等型号直升机,都采用电传操纵系统来满足飞行中对高权限增稳的要求。

电传操纵系统存在的主要问题如下:

(1)单通道系统的可靠性不高;

(2)系统的研制成本高;

(3)系统易受雷击、电磁脉冲波干扰。

二、电传操纵系统的基本工作原理

与机械操纵系统类似,电传操纵系统也分为俯仰、倾斜和航向等通道。电传操纵系统仅保留机械操纵系统的驾驶杆及由简单弹簧构成的人工感觉系统、操纵自动倾斜器和尾桨变距机构的助力器等。没有驾驶杆到控制自动倾斜器的机械传动,人工操纵时也由电信号传送驾驶员操纵指令。现在以图 5-3 所示的电传操纵系统俯仰通道为例说明其基本原理。

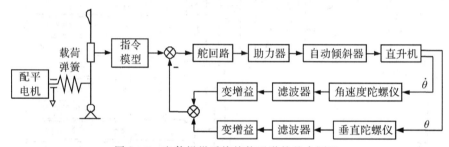

图 5-3 电传操纵系统俯仰通道的基本原理

驾驶员操纵驾驶杆后,杆力或杆位移经传感器、指令模型变成相应的指令信号。该信号与来自测量元件反映直升机运动参数的反馈信号相综合、比较,得出偏差控制信号,再经舵回路、助力器,使自动倾斜器偏转,以操纵直升机作相应的运动。直升机的运动参数达到驾驶员要求的控制值时,偏差信号趋于零,自动倾斜器停止偏转,使直升机保持在驾驶员所期望的状态。如果直升机受干扰后偏离了期望的飞行状态,测量元件输出的信号与指令信号便失去平衡,产生新的偏差信号,操纵自动倾斜器偏转,使直升机重新回到所期望的状态。

上述结构的电传操纵系统,由于电子元件本身的可靠性差,且易受外界因素的影响,因而一旦出现故障,驾驶员就无法继续控制直升机。电传操纵系统在设计时,为确保飞行安全,保证系统具有故障工作的能力,须采用多余度技术,如采用"比较监控"和"自监控"等不同的余度设计方案。

如果单套系统无"自监控"能力,自身无法自动判别有无故障,那么,只有采用同样的多套系统,通过比较监控或多数表决方式,判断故障部位。在这种情况下,具有三余度的系统才能实现一次故障工作,这是因为当三套中有一套不正常,其余两套正常时,通过比较可以发现正常的两套的输入、输出特性是一致的,而出现故障的那一套的特性与它们不一致。通过逻辑电路采用多数表决方式就可把出现故障的那一套检测出来并予以切除,剩余的两套还可正常工作。但是,如果剩下的两套中,再有一套出现了故障,虽然通过比较可以发现差异,知道有第二次故障出现,但无法判断故障发生在哪一套中。可见,在比较监控方案中,必须有四余度的系统才能实现二次故障工作。

但是,如果有比较完善的自监控装置,每套都可以自我判断工作是否正常,三余度系统就可保证二次故障工作。

三、CH-47C型直升机上的电传操纵系统

20世纪70年代初,美军在CH-47C型直升机上装备了四通道双数字型电传操纵系统和自动控制系统(TAGS),原理结构如图5-4所示。

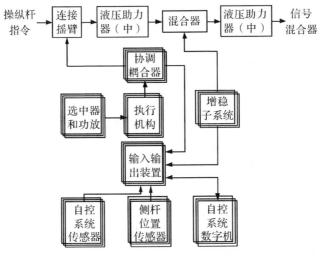

图5-4　TAGS数字控制系统原理结构图

该系统由控制俯仰、倾斜和航向运动的侧杆以及控制垂直速度的控制器完成4个通道的控制。自动控制系统中的数字计算机通过输入、输出装置,传感器及其他系统部件连接。

输入、输出装置包括接口装置和程序器。程序器处理大气数据系统、惯性系统、垂直陀螺、无线电高度表、控制指令、不连续指令、发动机参数传感器的信号、反馈信号等。

TAGS系统可保证对子系统功能正常性的定时检测,发现故障和确定故障部件,并把检测结果显示在驾驶舱内的系统状态显示板上。

总之,电传操纵系统已普遍应用于直升机上,其为直升机载荷减缓、振动拟制等主动控制功能的实现创造了良好的条件。

第二节　光传操纵系统

一、概述

电传操纵是飞行控制领域的一次革命,它极大地提高了飞机的控制性能。然而,电传操纵系统本身亦具有难以克服的缺陷,如容易遭受电磁干扰和雷电冲击;依赖于传感器或飞行员的指令以及以电信号方式的正确反馈,不能容忍错误信号。而直升机外部传感器和电子设备舱间的导线是接收噪声的主要"天线",极易"接收"干扰,并且电传操纵信号本身在传输中也会受到机内其他电子设备的干扰。因此,必须对电传操纵系统采取完善的屏蔽措施,才能保证工作的可靠性,而这必然增加质量和成本,并使维护更为困难。

此外,现代直升机越来越多地采用复合材料,这使电传操纵系统及其他机载电子设备失去了原来金属蒙皮直升机所固有的屏蔽作用,使抗电磁、防雷电的问题变得更加突出。而且即使采取更为严格的屏蔽措施,也无法从根本上消除该问题,因此,采用光纤传输信息的光传操纵系统就成为消除这些威胁的最有效途径。

光传操纵(FBL)是电传操纵(FBW)的必然发展。它是应用光纤数据传输技术在飞控计算机之间或飞控计算机与远距终端(如舵机等)之间传递指令的反馈控制系统;或者说,它是以光媒介代替电媒介,传输操纵指令和反馈信号的系统。因此,光传操纵系统是光位移传感器/变换器、飞控计算机及作动器之间的主要数据链。光传操纵系统的应用研究和使用被称为继陀螺和加速度计以来,飞行控制和制导技术领域的一项重大发展。

与电传操纵系统相比,光传操纵系统具有以下主要优点:

(1)具有抗电磁干扰、抗核辐射电磁脉冲及防雷电的能力;

(2)具有良好的电隔离性能,不必担心故障扩散/通道间数据恶化等问题;

(3)光纤的频带很宽,信号传输速率高、容量大,利用时分复用技术和波分复用技术可实现信号的多路传输,由此可大大降低传输线缆所占的空间和体积;

(4)光纤在机载环境下(高温、高压、振动等)抗腐蚀性和热防护品质优良;

(5)与铜电缆相比,光纤传输损耗低并具有成本优势。

虽然光传操纵系统具有电传操纵系统无法比拟的优势,但其应用还需解决以下问题:

(1)光纤强度低,加工和安装困难;

(2)光纤的传输和耦合会造成信号损失;

(3)光传操纵系统需专用工具维护,维护费用高;

(4)光传操纵系统中仍存在光/电、电/光转换器,仍对电磁干扰较为敏感。

二、光传操纵系统的组成

光传操纵系统的主要部件包括驾驶员指令模型、传感器/变换器、计算机、光/电和电/光转换器、数据总线、连接器及舵机等。

(1)传感器。光传感器是光传操纵系统的重要组成部分,主要包括光纤旋转传感器、光纤线加速度计、电无源光传感器、光功率传感器和主动光学传感器等。其中,光功率传感器又称动力光传感器,它利用光纤以光的形式获得功率,并通过光纤把感受到的数据传输出去,因此具有很强的抗电磁干扰能力;无须使用电池及接头,信号在微瓦级功率范围内,具有非常高的信息传输效率。

此外,按功能还可分为以下7类:角速度陀螺、线加速度计、线性位置传感器、旋转位置传感器、大气温度传感器、大气压力传感器和旋转轴速传感器。

(2)变换器。斯派雷公司研制的光位置变换器由一个线位置变换器、光纤数据链及一个电子接口装置组成。线位置变换器具有光学位置编码功能(采用一种反射码)并采用串行时分多路传输。光纤发射器和接收器与相应的控制和定时电路一起组成电子接口装置。线位置变换器由一个光脉冲控制,这个光脉冲在延迟光纤中分开并进入光编码器。编码定标直接连到变换器轴,当定标在"读"磁头下运动时,延迟脉冲向后反射进入光纤或被吸收。光耦合器将时移信号串行地送到输出通道,因此,在线位置变换器和电子接口装置间只需要两根光纤。

(3)计算机。光计算机以光子作为主要信息载体,以光学系统为主体,以光运算作为基本运算方式。其工作原理与电子计算机相类似,不同之处是以光子代替电子、用光纤连接代替导线连接。光计算机特别适合于航空航天等高科技领域,以实现高速信号处理、高速图像处理与模式识别等。特别是它可以与光纤数据总线、光传感器、光作动器等互联以实现纯光传操纵。目前,可以投入使用的光计算机还没有出现。

(4)光/电与电/光转换器。光/电与电/光转换器发展较慢,目前只有几种专用产品,如校准及矢量/矩阵计算设备。随着砷化镓电光技术的发展,综合电光处理可以在集成芯片上完成。这种集成芯片对飞控系统的某些分布式处理功能,如电/光和光/电转换、传感器处理、灵巧作动系统及某些自适应算法可能是有用的,但这种技术仍需继续研究。

(5)数据总线。光纤数据总线的发展速度很快,目前已经应用于某些生产型直升机的航空电子及武器系统数据链。MIL-STD-1733光纤数据总线的规范采用MIL-STD-1553规范定义,这些规范适用于航空电子系统总线,但不能很好地适用于飞行控制。适用于飞行控制的光纤数据总线正在研制、试验过程中。光纤数据总线的缺点是对火/热比较敏感,发射/接收耦合器造价高,信号因收/发分裂易造成损失。

三、光传操纵系统的基本原理

采用光传操纵系统(或称光学-液压伺服系统)的典型飞行控制系统原理如图5-5所示。

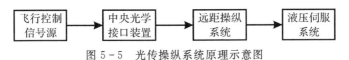

图5-5　光传操纵系统原理示意图

中央光学接口装置和飞行控制信号源都位于座舱内的中央操纵台。飞行控制信号源包括飞行计算机、自动驾驶仪和驾驶杆等,飞行控制信号以脉宽调制的数字式信号传到中央光学接口装置。中央光学接口装置把数字式电控制信号转换成光数字控制信号,并使之馈入光缆,经中央光学接口装置延伸到远距操纵系统。

远距操纵系统与中央光学接口装置相距很远,因光信号可以远距离传送而不衰减,使远距操纵与液压伺服系统接口实现远距光液伺服控制。某直升机光液伺服控制系统结构如图5-6所示。

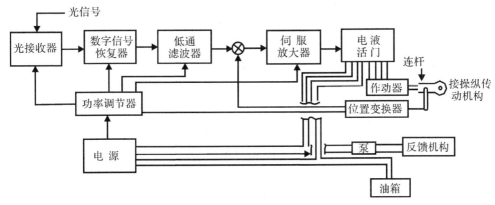

图5-6　光液伺服控制系统

电源是以液压方式产生电功率的部件,可以向功率调节器提供20 V的交流电。功率调节器将 20 V 的交流电加以调节,以满足远距操纵系统中各个部件的要求。系统的特点除电源、功率调节器和光接收器外,与现有飞行控制系统基本相似,但由于远距操纵及电源系统组合装在同一液压助力器中,因此不必向远距操纵台敷设导线。

四、光传操纵系统的分类

光传操纵系统通常可分为时分复用光传操纵系统和波分复用光传操纵系统两大类,它们的共同特点是均采用了光纤多路复用技术。

所谓光纤多路复用是指在一根光纤中同时传输若干路信号。光纤多路复用可极大地提高传输效率和容量。在飞行器上采用多路复用技术可进一步减轻质量,减小体积,增加传输系统灵活性,有利于实现多余度技术,从而提高系统可靠性。

(一)时分复用光传操纵系统

时分复用(Time Division Multi-plex,TDM)方式是在一根光纤中同时传输若干路信号。

TDM 把传输时间分为若干时隙,在每一时隙内传输一路信号,各个信道按照一定的时间顺序进行传输。TDM 方式在光纤通信领域得到广泛应用,是传统数字信号传输中提高传输效率、降低成本的有效手段。

光传操纵系统信号的最大特点是超低频,有的甚至是直流信号,需传输的信道数相对较少,TDM 方式所传输信息的速度和容量能够满足飞控系统信号传输的要求。随着计算机和电子技术的飞速发展,TDM 方式所传输信息的速度和容量大大提高,因此,在飞控系统信号传输中采用 TDM 技术是完全可行的。

(二)波分复用光传操纵系统

波分复用(Wavelength Division Multi-plex,WDM)是指在一根光纤中同时传输若干个不同波长的光信号。

WDM 方式的特点是,可充分利用光纤的巨大带宽资源,使传输容量成倍增加;可实现单纤双向传输,即在一根光纤中实现正、反两个方向的信号传输;不同波长的信号在同一光纤中传输时是彼此独立的,因此可同时在一根光纤中传输多种信息,如数字信号、模拟信号、音频信号和视频信号等,实现多媒体传输。

在 WDM 系统的发送端,不同波长的光信号 $\lambda_1,\lambda_2,\cdots,\lambda_n$ 通过合波器,使各光波耦合进入一根光纤传输,在接收端通过分波器对各光波信号进行分波处理,获得各路信号,WDM 方式总的传输容量为各个波长信号传输容量之和。波分复用系统有单向和双向两种传输结构。在单根光纤中,不同波长的光信号只能沿同一方向传输,称为单向结构,如图 5-7 所示。

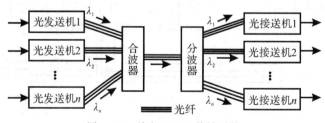

图 5-7 单向 WDM 传输系统

不同波长的光信号可以进行正、反两个方向的传输,称为双向结构,如图 5-8 所示。

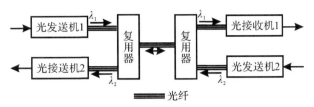

图 5-8　双向 WDM 传输系统

WDM 方式在光传技术中占有重要地位,对提高传输容量、降低成本、实现多功能传输具有重要意义,可利用 WDM 方式建立新一代的光纤传输技术。

五、"眼镜蛇"直升机电传/光传混合操纵系统

贝尔公司 249 型"眼镜蛇"直升机上采用了电传/光传混合操纵系统。该系统采用四余度电传和单套光控数据链的总距控制特殊构型,如图 5-9 所示。同时,还设有机械备份模态以确保操纵系统的可靠性。模态转换可由驾驶员控制或在特定"故障"状态下自动转换。因为光传操纵模态是采用单光纤传输数据的,所以只有使用电传操纵达到预选高度后才可使用光传操纵模态。

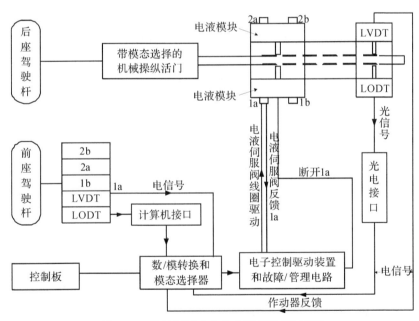

图 5-9　"眼镜蛇"直升机总距伺服控制系统

在电传操纵模态,控制系统采用电器四余度结构。装在前座舱总距杆上的四个线位移传感器(LVDT)信号,通过模态选择和电子控制装置传送到作动器伺服阀上,由四个线性光位移传感器(LODT)提供位置反馈信息形成舵回路闭环伺服控制。

在光传操纵模态,LODT 传感器提供并行的光信号经计算机接口装置转换成串行数字信号,然后由数/模转换器转换成模拟信号。该信号同作动器中 LODT 传感器的反馈信号经光电接口变换而成的模拟信号合成,加到电子控制驱动装置的四个控制输入端,也能实现舵回路闭环伺服控制。

六、光传操纵系统的发展前景

光传操纵系统具有很大的发展前景,主要表现在以下几方面。

(1)光传操纵系统已经在某些试验机上进行了飞行试验,证明其与电传操纵相比,确实具有抗电磁干扰和防雷电的能力。这对于适应未来军、民用直升机所面临的更加复杂、苛刻的飞行环境来说是十分重要的。虽然先进数字光传操纵系统取得令人满意的飞行试验结果,但距离达到飞行控制系统所要求的技术水平还需要一定的时间。

(2)光纤信号传输技术已经在某些地面及机载系统中得到应用,这些应用领域包括导航、环形激光陀螺、位置传感器、燃油测量、语音控制、数据总线及驾驶员控制器等。预计未来光纤技术将在机载系统方面得到进一步应用。

(3)基于目前光学部件的迅速发展,一种高容错、可重构、采用双锥形及星形耦合器的光传操纵/飞行控制系统将可能得到应用。虽然 20 世纪 80 年代中期,先进数字光传操纵系统曾在 UH-60A 直升机上试验,但不具备战斗机和运输机所要求的容错及重构能力。

(4)光纤综合飞行/推力控制系统方面的研究虽已进行了很多设计和试验工作,但需要为确定这些系统的可靠性建立良好数据库。这涉及系统光源/检测器、传感器、光纤波导、连接器、光/电和电/光转换器等。在这些工作完成之前,光纤技术不会被军、民用直升机广泛接受。

(5)军用标准的缺乏限制了光纤技术在军用系统中的应用,并影响到光传操纵系统的发展。光飞行控制和数据传输系统所需的标准正处于编制过程中。

第三节 先进座舱管理系统

一、概述

座舱是飞行员获取外部态势信息、操控直升机、执行作战任务的工作环境,布置有多个显示器和操控装置。然而,传统的座舱设计虽然能使飞行员在一定程度上摆脱任务飞行中枯燥的、程序化的工作,但由于现代战机内的座舱信息越来越繁杂,导致飞行员判读信息、适时决策和操控飞行的工作负荷越来越大,并且随着现代战场信息的日趋多样化,传统座舱对飞行员的辅助能力已到达瓶颈。

先进座舱管理系统(Advanced Cockpit Management System,ACMS)使现代直升机具有昼间、夜间和复杂气象条件下执行任务的能力,其灵活的模块化结构能满足用户不同的特殊要求,商用和军用兼顾的设备可以使直升机更加经济、有效地完成飞行任务。

ACMS 一般由三类设备模块组件集成,包括飞行器模块组件、飞行任务模块组件和领航模块组件。

二、先进座舱管理系统的体系结构

设计师们通过一系列新型直升机研发项目的系统集成发现,传统座舱存在着以下诸多不足:

(1)领航显示过度综合;

(2)发动机和旋翼的关键参数需要持续显示;

（3）数据传输延时导致数据显示不稳定；

（4）错误数据也能显示；

（5）显示画面太小、难读且易混淆；

（6）飞行员操控时缺乏必要的反馈信息；

（7）当前系统状态显示不明显；

（8）需要大量的使用训练。

因此，设计师们认为 ACMS 的设计应遵循以下原则：

（1）使用专用的发动机扭矩、巡航、转速显示器（Torque，Cruise，Rotor RPM Displays，TCRD）；

（2）为任务操作提供适当的操控设备（手柄、开关、键入）；

（3）简化数据输入，减少按键数据和显示变化；

（4）简化操控界面，快速响应操控指令；

（5）统一专用术语及数据写入格式；

（6）基于现有设备进行使用训练。

某型直升机 ACMS 的结构如图 5-10 所示。每一个模块组件都有控制、显示、处理和接口模块，每一个功能模块组件可独立安装，用户可根据实际所需功能，在软、硬件系统最低配置的基础上增加功能模块。ACMS 显示系统和功能冗余方案是一项重大改进，单个部件故障不会影响模块组件的控制和显示操作。

传统集成座舱的主要缺点是，以静态格式与符号显示动态操控过程，而 ACMS 的显示和控制都使用虚拟航电样机系统（VAPS）设计原型，可以动态地指示控显变化，向用户提供电子数据包而不是"纸质"说明书那样的信息，便于在飞机硬件更改前对控制和显示的格式进行评价和简单修改。

为减少研发时间和成本，某型直升机 ACMS 采用了经过军方和商用检验合格的商用现货供应设备。系统的领航模块组件由为商用设计的电子飞行仪表系统构成，飞行器模块组件和飞行任务模块组件是以 OH-58D 侦察/观测直升机上的模块为基础进行改进研制的，如图 5-10 所示。

三、CH-47 型直升机上的先进座舱管理系统

CH-47 型直升机 ACMS 的座舱如图 5-11 所示。

1. 飞行器模块组件

CH-47 型直升机的飞行器模块组件包含有以下子系统和功能：

（1）发动机系统；

（2）警告/提示/通报；

（3）传动系统；

（4）数据操作手册；

（5）燃油系统；

（6）货物装卸；

（7）电气设备；

（8）液压系统；

(9)飞行控制系统；

(10)照明装置。

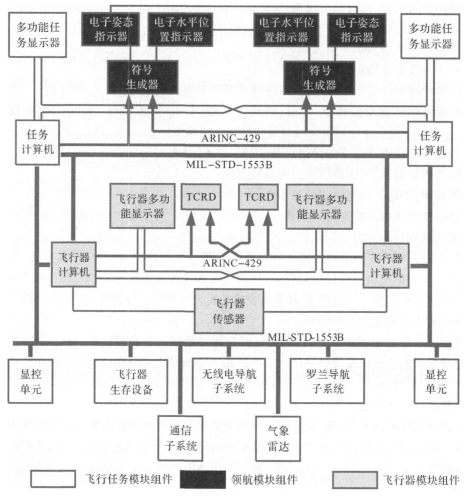

图 5-10 先进座舱管理系统结构

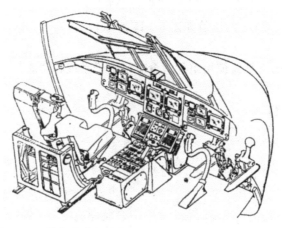

图 5-11 装备先进座舱管理系统的 CH-47 型直升机座舱

　　ACMS的飞行器模块组件为以上功能和操作状态提供可显示控制模式,通过不同的图表形式反映某一特定系统的信息。每一系统都具有专属的多功能显示页(MFD),飞行器模块组件各功能显示页如图5-12所示。

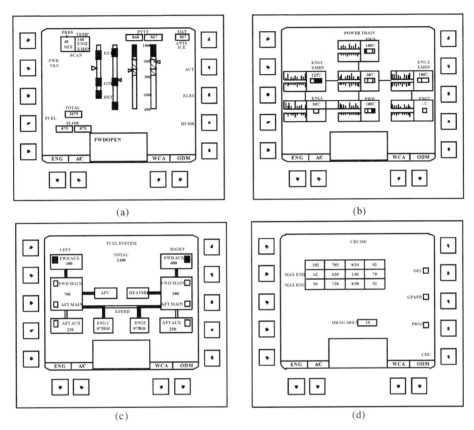

图5-12　飞行器模块组件功能显示页

(a)飞行器系统页;(b)传动系统页;(c)燃油系统页;(d)巡航数据页

2.飞行任务模块组件

标配CH-47直升机上ACMS的飞行任务模块组件包含以下子系统和功能:

(1)通信/识别;

(2)飞机生存设备;

(3)无线电导航;

(4)多普勒导航系统。

飞行任务模块组件还包括在复杂气象条件下实现高精度导航所需的子系统和功能:

(1)惯性导航;

(2)数字地图;

(3)GPS;

(4)前视红外设备;

(5)导航卡尔曼滤波器;

（6）飞行指引仪；

（7）气象雷达；

（8）飞行计划。

飞行员通过控制显示单元（CDU）和飞行任务多功能显示器（MFD）实现飞行任务功能的控制和显示，表 5-1、表 5-2 分别给出了 CDU 和 MFD 控制页。飞行员通过不同按键进入特定的 CDU 和 MFD 页，通过附加键进入装备功能或列表索引。

表 5-1　CDU 控制页

COM	NAV	LNAV	FD	IFF	EMC	AUX
UHF	TCN	UPDATE	APP SETUP	M4/TEST		DTS
VHF	VOR	INS				
HQ SETUP	ADF	GPS				
HQ WOD		DOP				
HQ TNET		CONFIG				
COMSEC						

表 5-2　MFD 控制页

STAT	WXR	MAP	MGMT
INITIATED BIT			FLT PLAN1
MAINTAINER			FLT PLAN2
			ACT FLT PLN
			VORTAC
			NRP
			VHF
			UHF
			ADF

3. 领航模块组件

领航模块组件负责引导直升机按既定航线飞行，通常与飞行器模块组件相互独立。AC-MS 采用商用电子飞行仪表系统（EFIS），由电子姿态指示器（EADI）和电子水平位置指示器（EHSI）组成。电子飞行仪表系统使飞行员能够更加灵活地选择显示姿态类型和导航数据方式。通过领航模块组件，飞行指示器将显示信号、报警信号和气象数据直观地提供给飞行员。领航模块组件与飞行任务计算机的接口如图 5-13 所示。

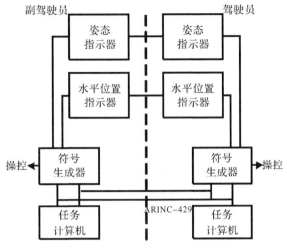

图 5-13　领航模块组件界面

第四节　侧杆控制器

直升机座舱中,通常设有中央控制杆、总距控制杆和脚蹬装置等。这些传统装置不仅体积大、质量大,使狭小的座舱变得更加拥挤,而且容易遮挡飞行视野,不利于座舱的优化布局。随着电传操纵技术的广泛应用,出现了用以代替传统操纵装置的侧杆控制器(side stick controller)。

采用侧杆控制器,有助于在以下几方面获得改善:

(1)优化仪表板布局;

(2)提高飞行安全性和可靠性;

(3)减轻驾驶员的操纵强度;

(4)改善操纵性(减小控制力或反弹力);

(5)实现精微控制。

一、侧杆控制器的结构

侧杆控制器通常有如图 5-14 所示的 4 种结构形式。

(1)"3+1"总距结构(俯仰、倾斜、偏航加总距)。右手控制器用于俯仰、倾斜和偏航操纵,左手控制器实现操纵总距。此方式已应用于 RAH-66 直升机。

(2)"3+1"脚蹬结构(总距、俯仰、倾斜加偏航)。右手控制器用于总距、俯仰和倾斜操纵,脚蹬用于偏航操纵。

(3)"2+1+1"结构(俯仰、倾斜、总距加偏航)。右手控制器用于俯仰和倾斜操纵,左手控制器用于总距操纵,脚蹬用于偏航操纵。

(4)"4+0"结构(一体化结构,无左手控制器)。右手控制器实现四轴操纵。

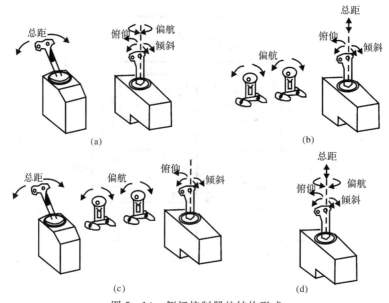

图 5-14 侧杆控制器的结构形式

(a)"3+1"总距结构;(b)"3+1"脚蹬结构;(c)"2+1+1"结构;(d)"4+0"结构

采用侧杆控制器,系统因缺少机械传动装置,容易引起飞行员操纵感知信息的丢失,并且在双人驾驶时会出现两套侧杆控制器互锁失效的问题。为此,可附加带杆功能构成主动式侧杆控制器(active side stick controller),来解决这一问题。

主动式侧杆控制器采用了"2+1+1"结构方式,其组成如下:

(1)一个主动式侧杆控制器,操纵直升机的俯仰和倾斜;

(2)一个总距杆控制器,控制直升机的总距;

(3)一个带传感器和执行机构的脚蹬装置,操纵航向;

(4)两个驾驶杆/脚蹬接口装置。

如图 5-15 所示,驾驶杆/脚蹬接口装置通过电缆与侧杆控制器和飞行控制计算机相连。右侧杆控制器是一个操纵俯仰和倾斜运动的两轴驾驶设备,左侧杆控制器仅操纵直升机总距,脚蹬操纵航向。

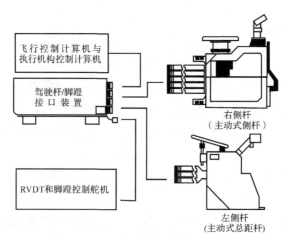

图 5-15 主动式侧杆控制器的组成

二、主动式侧杆控制器的基本组成

主动式侧杆控制器俯仰和倾斜轴的功能结构如图 5-16 所示。

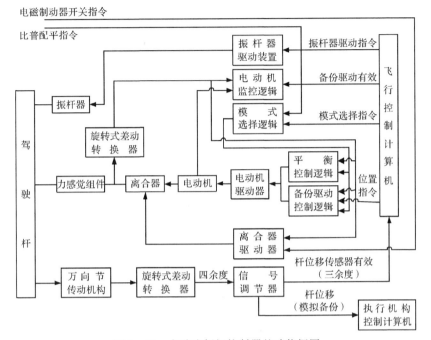

图 5-16　主动式侧杆控制器的功能框图

（1）力感觉组件。为简化系统，在主动式侧杆控制器感觉生成系统中没有采用伺服控制感觉系统（它没有机械弹簧和阀，通过杆位置伺服系统产生弹簧感觉）。

从表面上看来，采用伺服控制感觉系统，因没有机械弹簧和阀，能简化系统，但是为保证伺服系统失控后的安全性，就需要采用多重结构，这将导致系统更加庞大、复杂。因此主动式侧杆控制器采用了一种叫作半自动化系统的，由弹簧和单伺服控制系统（由一个执行机构和控制设备组成）组成的联合装置。弹簧的行程设计成驾驶杆最大行程的两倍，以保证伺服控制失控后驾驶杆的位置。

（2）杆位移传感器。杆位移传感器包括万向节及其传动机构、旋转式差动转换器等。万向节及其传动机构是一个两轴万向节机械装置，用来测量驾驶杆纵、横向杆位移，其俯仰和倾斜输出轴位于安装支架的同一平面，其结构如图 5-17 所示。

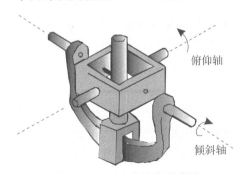

图 5-17　万向节结构示意图

采用万向节有许多优点：①在俯仰和倾斜轴方向有小摩擦、平滑的运动；②在两轴方向具有大的操作角度；③对手柄提供足够的反操纵力；④实现精确的操纵力和操纵位移的传递；⑤体积小、质量轻。

旋转式差动转换器将万向节转轴的转角变换为电压信号输出。每个轴采用了 4 个旋转式差动转换器构成四余度系统，其中 3 个用作主要部件，另一作为模拟备份。

杆位移经万向节转换为相应的转角量，并由与该输出轴相连的机械装置，送到旋转式差动转换器后，变换为飞行控制指令输出。

（3）带杆组件（BDU）。由电动机、电磁离合器（电磁制动用）、齿轮传动装置和位置传感器等构成。它用于自动驾驶仪模式下的电磁制动、比普配平和带杆。

离合器由手柄上的电磁制动器开关控制。当离合器开锁时，驱动带杆组件的输出轴未锁定，使感觉单元的固定端释放，结果使杆力弹簧释放，回弹力消失。只要飞行员按住按钮，就可轻便地操纵控制杆，并有因摩擦所产生力的感觉。

带杆组件由手柄上的一个四路配平开关或由飞控计算机传送来的带杆控制指令（位置指令）操纵，因此，输出轴的位置将会改变驾驶杆的位置。

带杆组件虽是单通道系统，但具有一定的故障检测功能。该系统与机械系统的有机结合根本不必考虑余度要求而使设备设计得小巧可靠。

（4）振杆器。当驾驶员操纵不当时，如速度过大接近飞行极限，振杆器会振动手柄以示告警。振动是通过离心叶轮的旋转形成的，叶轮与一个发动机轴相连。振动器装在侧杆万向节的倾斜轴上，总距控制杆手柄轴上也有类似的装置。振杆器的振动频率为 40～100 Hz。

三、主动式侧杆控制器实现的功能

主动式侧杆控制器的功能是：①实现飞行员操纵；②提供杆力和实现杆位回中；③实现电磁制动功能；④通过比普配平实现杆位微调；⑤自动驾驶模式下的带杆功能；⑥振杆功能。下面主要介绍电磁制动、比普配平和带杆等功能。

（一）电磁制动功能

电磁制动器依靠安装在带杆组件里的离合器抵消了回弹力。当按压位于手柄上的按钮时，就会产生一个信号操作离合器。

首先，当按压电磁制动器开关破坏了驾驶杆上的力平衡时，操作者的手会无意地移动。这种现象发生在操纵的初始阶段。紧接着，当弹簧单元的弹簧恢复其自由长度时（其固定端松弛），弹簧单元、带杆组件操纵臂和传动机构开始运动。这些惯性，特别是弹簧恢复其初始长度的时刻，可能会引起操作者手的突然动作。

因为较高的传动比，在小离合器上获得了足够大的摩擦力，带杆组件的传动机构的惯性特别大。由于输出轴的惯性大，且侧杆比传统驾驶杆力臂短，将会引起手柄较大的回弹力。

为消除这些现象，当按压按钮开关控制离合器后，实现比普控制（切除感觉和感觉单元与备份驱动单元输出轴的控制），并且通过驾驶杆/脚蹬接口与控制电子设备实现开/关操纵。

（二）比普配平功能

比普配平功能可以通过带杆组件提供的带杆功能加到主动式侧杆控制器上。带比普配平的带杆组件的操作由按压比普配平开关后到达最大速度需要的时间和速度来控制，并且其最大速度受限制，以保证在小操作和迅速、必须的比普操作状态下能获得足够的分辨率。

(三)自动驾驶模式下的带杆功能

带杆功能是由一个电动机移动驾驶杆的功能。在自动驾驶模式下,使驾驶仪通过监控指令驱动杆的同步移动并判断飞行控制计算机传送来的驾驶指令是否正确。从飞行控制计算机传送来的驾驶指令传送到依靠飞行控制计算机指令控制电动舵机运动的驾驶杆/脚蹬接口与控制电子设备。这样,带杆组件的输出臂位置将改变,并且由于弹簧单元的存在,控制杆的中立位置也会改变。由于从弹簧单元到手柄的操作路程短,弹簧单元既不延伸也不压缩。

飞行员可以通过强力操纵驾驶杆实现自动驾驶模式到人工驾驶模式的转换。由于弹簧单元的行程被设计成驾驶杆满行程的两倍,驾驶杆可以随意运动,而且杆位置传感器的输出随时送到控制系统;另外,一旦测量到弹簧的位移超常,将会切除自动驾驶模式。

带杆组件在输出轴上一般具有最大约 $10°/s$ 的带杆能力,这足以对自动驾驶进行监控。

四、主动式侧杆控制器的应用

主动式侧杆控制器的每一个基本功能,包括自动驾驶监控、电磁制动和比普配平功能已经在某些直升机上实现。图 5-18 所示为安装在川崎 BK-117 验证直升机上的飞行控制系统结构图。

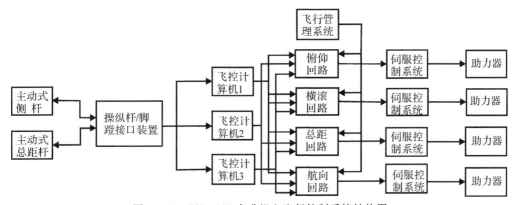

图 5-18　BK-117 直升机上飞行控制系统结构图

主动式侧杆控制器提高了该直升机的操纵性能和飞行安全性,但由于侧杆手柄至转动中心比起传统中央杆较短,主动侧杆控制器对于操纵输入和带杆操作的响应较灵敏,有时显得不太圆满。

主动式侧杆控制器不仅可以应用于直升机,而且已经在固定翼飞机上得到应用,成为新型电传操纵的一个通用设备。

第五节　直升机主动控制技术

为适应现代化战争的需要,直升机的飞行控制技术正向着完善飞行功能,提高可靠性、生存性,减轻驾驶员工作负担的方向发展,实现这一目标的有效途径是采用以电传操纵技术为基础的主动控制技术,其主要包括以下几方面。

一、主动抑制振动

直升机的振动问题比固定翼飞机复杂得多,且一直未能降到固定翼飞机的水平。直升机的振动主要由旋翼引起,因直升机前飞时流经旋翼的气流不均匀,在桨叶上引起交变气动载荷,在桨毂上产生激振力和力矩,引起机身振动。

抑制振动的方法分主动与被动两种。主动方法是采用高次谐波控制系统(HHC)来改变旋翼上的气动载荷,从而减小引起振动的力与力矩,若能使桨叶上引起机身激振作用的气动载荷的谐波分量减到最小,便可有效地抑制振动,这就是目前振动控制领域最活跃的高次谐波主动控制理论。它实质上是一个实时自适应控制系统(RTSA),由于采用了辨识技术,因而适应于所有飞行状态。20 世纪 90 年代初期,美国陆军运载工具技术中心、美国国家航空航天局兰利研究中心和贝尔直升机公司共同进行了以高次谐波控制技术降低 V - 22"鱼鹰"倾转旋翼机振动的研究,以 1:5 的模型开展了风洞试验,试验结果表明,该技术可降低 75%～95% 的 1 阶和 3 阶振动响应,并且能够同时降低多个机体独立的振动分量。被动方法是在振动后进行抑制处理,此处不予介绍。

二、主动降低噪声

直升机飞行时,整个动力传动系统包括旋翼、尾桨、发动机、传动齿轮及附属组件都向直升机舱内辐射并传递噪声,使驾乘人员处于复杂且恶劣的噪声环境之中。强噪声不仅危害驾乘人员的身体健康,影响工作效率,其诱发的结构振动与声疲劳还可能严重影响直升机的安全性。与固定翼飞机比,直升机噪声带来的影响更为突出,直升机噪声引发的问题一直被国内外专家和飞行员高度关注。

直升机主动降噪技术是指通过实时测量以及控制器、作动器等技术与设备的综合应用,改变桨叶动态攻角或相位,从而控制振动能量,降低旋翼噪声。该技术包括噪声声压对消、自适应旋翼控制、高阶谐波控制、单片桨叶控制、主动后缘附翼控制等。带有主动后缘附翼的旋翼又称智能旋翼,该设计是将桨叶部分后缘用由特殊功能材料制成的襟翼代替,利用襟翼的信息采集功能提取旋翼系统的动态响应信号并传输到控制器,控制器接收到信号,按照一定策略直接或间接产生附加力和力矩,驱动襟翼响应,达到降噪目的。该设计能够有效降低旋翼的桨-涡干扰和失速,降低旋翼振动和噪声,是目前国外研究较多的主动降噪技术。

三、阵风减缓控制

直升机由于自身生存和执行任务的需要,一般都在大气扰动较为严重的低空作贴地飞行,阵风扰动使固有低空动特性不稳定的直升机振动加剧,乘坐品质下降,武器投放精度降低;使已处于强耦合状态的直升机更难以操纵。所以抑制阵风干扰对直升机尤为重要,在悬停状态下更是如此。

从 1975 年开始,直升机控制界就提出基于旋翼运动参量的电子反馈,来缓和阵风响应的设想,这是因为直升机的旋翼对阵风扰动最为敏感。有关直升机阵风缓和设计的美国国家航空航天局报告指出,应用二次型最优控制理论可有效地解决这一问题。其基本思想是测量直升机的飞行状态参量,使阵风扰动后的直升机状态尽可能地不变,同时使直升机法向过载、抑制能量最小,通过适当构造二次型性能指标,应用最优控制理论实现阵风缓和,而且工程实现也比较方便。

四、飞行/推力综合控制与飞行/火力综合控制

现代直升机的高性能、多用途,要求飞行控制计算机能够实现飞行/推力综合控制和飞行/火力综合控制,并与飞行管理、战术导航等系统结合,实现更高层次的综合。

飞行/推力、飞行/火力综合控制系统的心脏是飞行控制计算机,它依据机载传感器测出的直升机飞行状态(姿态角、姿态角速度、M数、高度等)及目标运动参数(距离、方位、速度等),与驾驶员的输入指令比较进行控制规律解算,一方面向飞控系统发出操纵信号,控制飞行姿态,调整发动机油门;另一方面,自动接通武器发射系统,对目标实施攻击。美国已在UH-6A直升机上进行了飞行/推力/火力综合控制飞行验证。

综上所述,主动控制技术在直升机控制领域有着广阔的开发、应用前景,随着科学技术的发展和高性能飞控计算机的应用,直升机的各项性能将得到很大改善。直升机将在国防建设和民用事业中发挥越来越大的作用。

第六节　直升机自主控制技术

一、概述

"自主控制"的定义是在未组织的环境结构下采用的高度自动化控制。其中"未组织的环境结构"主要是由不确定性所引起的,例如参数不确定性(对象参数未知)、未建模动态、随机干扰、传感器测量的随机噪声、分散多控制作用与复杂的信息模式、敌方在决定性的量测或控制中引入错误的信息(欺骗)等。"高度自动化控制"指的是无人、无外界干预的飞行控制过程。

自主控制就是不需要人的干预,以最优的方式执行给定的控制策略,并且具有快速而有效的自主适应的能力,以及在线对环境态势的感知、信息的处理和控制的重构。自主意味着具有自治的能力,能够在不确定性的对象和环境条件下,在无人参与的情况下,持续完成必要的控制功能。

直升机飞行控制技术的发展趋势是逐步实现自适应和感知规避,即不但要具备按预定航路飞行、自动起降、自动返航的能力,还要具备实时故障诊断、动态航路规划、自主目标选择及威胁规避等智能决策控制能力,即自主飞行控制技术。它要求直升机接受飞行目标,自主决定出没有人干预的可执行任务,有能力和权限做所有决策,具有广泛的态势感知(内部和外部)、预测和机载飞行实时重规划能力。自主飞行控制是知识驱动的、具有很高程度的、人工智能的飞行控制。

当前国内外直升机自主飞行控制水平还处于较低层次,即可实现在有限约束或已知条件下的不需人干预的自主控制。而那种不确定环境下的自主控制,工程实现的技术难度非常大,仍处于研究试验阶段,国内外尚没有工程范例。

二、自主控制能力的等级划分

自主控制能力的高低有许多评估量化方法,仅从控制方法上来说,包含了以下7种控制能力:

(1)常规控制能力:完全结构化的控制方案和策略,对自身和环境变化没有反应;

(2)容错控制能力:能够进行故障实时诊断、隔离,根据故障情况进行系统重构;

(3)自适应控制能力:能够适应对象和环境的不确定性,具有变参数、变结构的能力;

(4)动态规划能力:能够根据变化的任务和态势进行决策和任务重规划;

(5)协同控制能力:能够与其他单体或系统进行交互、协同执行任务;

(6)分布控制能力:能够将总目标分解为相互协调的子目标,分别分配给不同的平台去执行;

(7)人工智能控制能力:能够自学习,具有集群自组织协调的能力。

三、自主控制涉及的关键技术

直升机自主飞行控制以系统重构控制、实时故障诊断/决策/控制、自主起飞/着陆、实时航线规划与再规划、大机动飞行控制、智能感知与识别、自主效能评估与管理、自主作战与任务执行等为主要技术特征。其中涉及的主要关键技术包括以下几项。

(1)综合飞行控制技术。直升机综合飞行控制系统的体系结构从以下三个层面上实现。

1)第一个层面(原始信息传感器等底层硬件):处理作为系统组成部分的传感器输入信号,进行信息融合,并沿数据通道送到上层综合飞行控制系统的计算部分;将上层控制经执行机构输出,同时进行周期性检测。

2)第二层面(导航、控制):对来自底层输入信号进行处理和决策,实现容错控制、模态调度和飞行控制逻辑管理,导航和控制算法计算,向系统输出控制信号。

3)第三层面(管理、协调、规划和决策):协调、管理和控制直升机各机载子系统,在线任务规划和实时控制,实现重构控制规划和故障管理等。

先进的综合飞行控制系统应采取层阶分解的、开放的、弹性的控制结构,在可变自主权限的决策、管理和控制的基础上,面向任务、面向效能提供最大的功能可拓展性。综合飞行控制技术的挑战,在某种程度上,代表了直升机飞行控制技术所面临的技术难题。只有在大系统的概念下,综合应用鲁棒、自适应和智能控制等控制思想和方法及先进的飞行控制技术,才可能真正发挥出直升机技术的综合效能和较低的全寿命周期成本的潜力。

(2)高可靠飞行控制系统技术。主要针对中、高端直升机,研究其高可靠的飞行控制系统技术,从传感器、飞控计算机、执行机构及飞行控制软件等多个方面进行设计,余度结构如何构成,是否采用总线及如何使用总线等。主要包括以下几项技术:

1)高可靠飞行控制系统的硬件配置技术;

2)高可靠飞行控制系统的传感器配置技术;

3)高可靠飞行控制系统的余度飞控计算机配置技术;

4)高可靠飞行控制系统的伺服系统配置技术;

5)高可靠飞行控制系统的软件开发环境和实现技术。

(3)基于全飞行包线的多模态/多变量鲁棒控制技术。针对直升机固有的通道耦合和多输入多输出特性,研究适于直升机全飞行包线的多变量控制技术,主要包括以下几项技术:

1)直升机通道解耦的多变量控制技术;

2)强不确定下的直升机鲁棒控制技术;

3)直升机全飞行包线的多模态控制规律鲁棒设计技术;

4)直升机多变量控制设计环境开发技术;

5)直升机飞行控制系统的分析、设计、实现和评估方法。

(4)智能重构飞行控制技术。在故障检测和辨识的基础上,采用主动容错控制技术,充分利用控制系统的功能冗余来进行飞行控制规律的重构,使直升机能适应故障或特殊任务环境。因此,可重构飞行控制技术可以降低对飞控系统硬件余度的要求,允许直升机在出现大范围故障和战斗损伤的情况下,仍能保证一定的飞行性能。主要包括以下几项技术:

1)不确定性环境下的智能故障诊断和容错控制技术;

2)飞行控制规律实时性重构技术;

3)重构控制中的鲁棒性分析与综合技术;

4)故障检测器与重构控制器的集成设计技术。

（5）自主飞行控制与实时自主航线规划技术。研究直升机在超视距或远程不确定环境下的自主飞行控制与实时自主航线规划技术，以及多直升机系统的集群分布式控制与自主集群飞行控制技术，提高直升机对飞行环境的适应能力和对环境动态变化的快速响应能力，从而增强直升机的生存能力和飞行任务的成功率。主要包括以下几项技术：

1)直升机自主导航技术；

2)直升机实时自主航线规划、再规划技术；

3)直升机自主起飞/着陆控制技术；

4)直升机自动目标识别、跟踪与回避控制技术；

5)直升机集群分布式控制与自主集群飞行控制技术；

6)直升机大机动敏捷性控制技术。

（6）通用实时仿真技术。研究适合未来直升机飞行控制仿真验证的通用软件和硬件体系架构，并融合视景仿真技术，构建直升机飞行控制系统的硬件在环和操纵手在环的实时半物理仿真系统，从而降低直升机系统的研制和试飞风险，减小无人直升机的研制成本。主要包括以下几项技术：

1)直升机高置信度建模技术；

2)直升机通用仿真平台的软/硬件体系和实现技术；

3)直升机硬件在环/人在环实时半物理仿真技术；

4)直升机高逼真度视景仿真技术。

复习思考题

1.简述电传操纵系统的基本组成和工作原理。

2.简述电传操纵系统与机械操纵系统相比有哪些优点。

3.简述光传操纵系统与电传操纵系统相比有哪些优点。

4.简述数字电传操纵系统与模拟电传操纵系统相比具有哪些优势。

5.查阅资料了解电传操纵系统和光传操纵系统的发展趋势。

6.简述采用侧杆控制器的好处以及常见的结构形式。

7.简述主动式侧杆控制器的基本组成和实现功能。

8.查阅资料了解主动控制技术的基本原理以及涉及的关键技术。

9.查阅资料了解直升机主动控制技术的研究进展。

10.画出飞行/火力、飞行/推力综合控制系统的原理框图，并说明其基本工作原理。

参 考 文 献

[1] 吴文海. 飞行综合控制系统[M]. 西安：西安交通大学出版社，2019.

[2] 中华人民共和国航空航天工业部. 飞机飞行控制系统名词术语：HB6486—1991[S]. 北京：中华人民共和国航空航天工业部，1991.

[3] 张明廉. 飞行控制系统[M]. 北京：国防工业出版社，1984.

[4] 王适存. 直升机空气动力学[M]. 北京：航空工业出版社，1985.

[5] 王琨玉. 直升机飞行控制系统[M]. 北京：蓝天出版社，1991.

[6] 王琨玉. 直升机飞行控制器及其应用[M]. 北京：海洋出版社，1986.

[7] 徐鑫福，冯亚昌. 飞机飞行操纵系统[M]. 北京：北京航空航天大学出版社，1989.

[8] 杨一栋. 直升机飞行控制[M]. 北京：国防工业出版社，2007.

[9] 李林华，赖水清. 直升机飞行控制技术发展综述[J]. 直升机技术，2007（2）：62-65.

[10] 赖水清，陈传琪，张思，等. 无人直升机自主飞行控制技术[J]. 直升机技术，2013(2)：65-71.

[11] 7210 任务办公室. 直升机气动力手册[M]. 北京：国防工业出版社，1986.

[12] 胡寿松. 自动控制原理[M]. 北京：科学出版社，2013.

[13] GORDON L J. Principles of Helicopter Aerodynamics[M]. Cambridge：Cambridge University Press，2006.

[14] 文裕武，温清澄. 现代直升机应用与发展[M]. 北京：航空工业出版社，2000.

[15] 沃洛特柯. 直升机实用飞行原理[M]. 傅百先，译. 北京：海潮出版社，1992.

[16] 布罗克豪斯. 飞行控制[M]. 金长江，译. 北京：国防工业出版社，1999.

[17] 《航空工业科技词典》编辑委员会. 航空工业科技词典：导航与飞控系统[M]. 北京：国防工业出版社，1982.

[18] 别洛格拉斯基. 飞机着陆控制的自动化[M]. 江云祥，译. 北京：国防工业出版社，1980.

[19] 唐永哲. 直升机控制系统设计[M]. 北京：国防工业出版社，2000.

[20] 许丽. 无人直升机自主着舰控制研究[D]. 南昌：南昌航空大学，2013.

[21] 吴文海，许丽，王奇. 小型无人直升机建模与鲁棒控制研究[J]. 飞行力学，2013，31(6)：526-529.

[22] 吴文海，许丽，王奇. 小型无人直升机建模与鲁棒飞行控制研究[J]. 飞机设计，2014，34(4)：43-48.

[23] KENDOUL F. Survey of advances in guidance, navigation, and control of unmanned rotorcraft systems[J]. Journal of Field Robotics，2012，29(2)：315-378.

[24] ALVARENGA J，VITZILAIOS N I，VALAVANIS K P，et al. Survey of unmanned helicopter model：based navigation and control techniques[J]. Journal of Intelligent and Robotic Systems，2015，80(1)：87-138.

[25] 杨一栋. 飞行综合控制[M]. 北京：国防工业出版社，2015.

[26] 郭锁凤. 先进飞行控制系统[M]. 北京：国防工业出版社，2003.

［27］ 比施根斯. 飞行动力学［M］. 安钢，译. 北京：国防工业出版社，2017.

［28］ 蔡国伟，陈本美. 无人驾驶旋翼飞行器系统［M］. 北京：清华大学出版社，2012.

［29］ BEJAR M，OLLERO A，CUESTA F. Modeling and control of autonomous helicopters ［J］. Lecture Notes in Control and Information Sciences，2007，353(1)：1 - 29.

［30］ 高正，陈仁良. 直升机飞行动力学［M］. 北京：科学出版社，2019.